中国三层实木复合地板300问

主　　编：翁少斌
执行主编：高志华　杨美鑫

中国建材工业出版社

图书在版编目(CIP)数据

中国三层实木复合地板300问/翁少斌主编. —北京：中国建材工业出版社，2015.9
ISBN 978-7-5160-1285-7

Ⅰ. ①中… Ⅱ. ①翁… Ⅲ. ①复合材料—实木地板—问题解答 Ⅳ. ①TS653-44

中国版本图书馆CIP数据核字（2015）第219727号

内容简介

本书针对当前三层实木复合地板在生产和营销过程中所出现的各种问题、产生原因及解决措施，依据现行行业标准与国家标准的有关规定，通过采用一问一答的方式，全面系统地介绍了三层实木复合地板采用的原材料（木材、辅助材料）的基础知识、生产工艺流程、检测、营销管理（售前、售中、售后服务）、铺设技术及木地板事故案例分析等内容。本书文字精练，语言通俗易懂，具有理论性、科学性与实用性等特点。

本书是一本较详细地介绍三层实木复合地板技术的专业图书，可供木地板行业总裁、经理，以及技术人员、生产工、铺装工、营销人员与相关读者学习使用的工具书，同时也是室内装饰装修企业、房地产企业、木材加工企业和有关高等院校的专业人员必备参考用书。

中国三层实木复合地板300问
主　　编：翁少斌
执行主编：高志华　杨美鑫

出版发行：中国建材工业出版社
地　　址：北京市海淀区三里河路1号
邮　　编：100044
经　　销：全国各地新华书店
印　　刷：北京雁林吉兆印刷有限公司
开　　本：787mm×1092mm　1/16
印　　张：12
字　　数：300千字
版　　次：2015年9月第1版
印　　次：2015年9月第1次
定　　价：**48.00元**

本社网址：www.jccbs.com.cn　　微信公众号：zgjcgycbs
本书如出现印装质量问题，由我社网络直销部负责调换。联系电话：（010）88386906

《中国三层实木复合地板300问》编委会

前　言

小小木地板，勇闯大市场。

圣象地板经历20多年的发展，现已成为行业的领军品牌，理应对“鱼龙混杂”的地板行业竭尽微薄之力！目前，国内出版的地板专著有：《中国木地板实用指南》《中国强化地板实用指南》《中国实木地板实用指南》《中国木地板300问》《中国地暖地板300问》等。时至今日，世界上三层实木复合地板发展很快，可是唯缺三层实木复合地板的专著。圣象集团自愿承担此光荣重任！

三层实木复合地板源自于欧洲的森林，森林资源已被世界公认为生态环境建设的主体。但全球森林资源由于被人类过度砍伐，已经出现由多到少的演变，使人类居住的生态环境日益恶化，自然灾害频繁发生。据统计，20世纪50年代初世界人均森林面积为1.6公顷，而到目前人均森林面积已不到0.6公顷。为此，为了挽救天然林的锐减，世界各国都在积极种植人造林进行生态恢复建设，中国也不例外。山东、江苏、河北等地区森林稀少，现在都在大力发展速生林——杨木等树种的种植，目前已成长为新的林区。

森林资源特别是天然资源在锐减，但人们追求崇尚自然、返璞归真的生活需求却越来越高。为此，国家制定了一系列优惠政策，鼓励企业节约资源，综合利用，积极开发其使用价值。

而三层实木复合地板的结构表板采用珍贵材，芯层和背板采用速生材或针叶材，这样的结构大大增加了木材资源的综合利用率及使用价值。它在使用上既有实木地板的质感、妙趣横生的木材自然图案，又改进了实木地板尺寸的稳定性，迎合了一大批消费者的需求。因此，自1930年瑞典康树集团开发出三层实木复合地板推向欧洲市场后发展迅速，于20世纪80年代被引入国内市场，受到消费者的青睐，并已被确认为中、高档的地面装饰材料。特别是进入21世纪后，三层实木复合地板的使用率始终在平稳增长，在国内、国际市场中取得了可喜的成绩。

2015年圣象要做些什么呢？

圣象已经走过了20年的产品之路，今年则是开启未来20年“服务圣象”的元年。我们的团队也将以“用户思维”逐渐替代过去的“产品思维”，真正地站在用户的角度考虑产品、考虑专业服务。

2014年，圣象集团副总裁朱玲英女士负责开拓三层实木复合地板的新局面，并与我国地板专家高志华、杨美鑫教授建立了深厚的友情，经常在一起研究探讨专业知识。当朱女士在北京居然之家顶层设计中心举行“圣象康逸三层实木复合地板新产品新闻发布会”时，曾向两位专家提出了想共同编辑出版《中国三层实木复合地板300问》一书的意愿，两位专家欣然同意。为了在市场的竞争中使三层实木复合地板继续保持稳步发展的势头，需要把握市场的脉搏，掌握行业的动态，继续运用科技提高产品质量，加强营销、铺设和售后服务。圣象集团副总裁朱玲英女士亲自组织专家及生产、营销、售后服务等技术人员组成的编写小组编辑了《中国三层实木复合地板300问》一书，它针对当前三层实木复合地板在生产和销售的过程中所出现的各种问题、产生原因及解决措施，依据现行的行业标准与国家标准的有关规定，通过采用一问一答的方式，全面系统地介绍了三层实木复合地板采用的原材料（木材、辅助材料）的基础知识、生产工艺流程、检测、营销管理（售前、售中、售后服务）、铺设技术及木地板事故案例分析等内容，以期企业、经销商、房地产商、消费者都能对三层实木复合地板有一个全面了解，达成共识，促使我国三层实木复合地板继续健康发展、稳步增长。

在编写本书过程中一直得到中国建材工业出版社资深编辑朱文东（吴海根）先生的关心和指点，在此深表感谢！

圣象集团总裁

2015年7月7日于沪

目　　录

绪论…… 1

第一篇　木材基础知识…… 5

1. 三层实木复合地板所采用的木材有何特点？…… 7
2. 木材按树种类别分类具有几大类？各有什么特点？…… 7
3. 木材在加工过程中，可锯成几个切面？…… 7
4. 何谓横切面？该切面能否作为地板的原材料其效果如何？…… 8
5. 何谓弦切面？其特点是什么？…… 8
6. 何谓径切面？其特点是什么？…… 8
7. 木材的宏观构造主要特征包括哪些？…… 8
8. 识别木材宏观构造的辅助特征有哪些？…… 9
9. 木材的材种有几种称谓？我们标识三层实木复合地板时应如何标识材种？…… 10
10. 木材具有哪些物理性质？哪些指标直接影响地板质量？…… 11
11. 何谓木材的密度？木材的密度有几种表示方法？地板标识的密度是指哪些密度？…… 11
12. 何谓基本密度？地板生产和选材时有何用途？…… 11
13. 何谓气干密度？其对三层实木复合地板表板选择有何影响？…… 11
14. 木材置放于潮湿环境中对木材的密度有何影响？…… 11
15. 木材具有哪些化学成分？木材的化学成分对木材性质有何影响？…… 11
16. 加工成三层实木复合地板时，为什么首先对每层板材要进行干燥？…… 12
17. 水分存在于木材中有几种状态？哪一种状态在干燥时容易脱水蒸发？…… 12
18. 木材中水分有几种表示方法？用何值表示？…… 12
19. 何谓木材的绝对含水率？其计算方法？…… 12
20. 何谓木材的相对含水率？其计算方法？…… 13
21. 何谓平衡含水率？为什么加工成地板时其含水率值都要达到当地平衡含水率？…… 13
22. 木地板的含水率值如何检测？常用哪种方法检测？…… 13
23. 如何用质量法测定木材的含水率？…… 13
24. 如何用电测法测定木地板含水率？为什么在木地板市场流通中通常用此法？…… 13
25. 每个城市的平衡含水率值是否相等？如何查阅其值？…… 14
26. 木材具有哪些特点？…… 14
27. 木材的力学性能包括哪些？为达到三层实木复合地板使用要求，木材应具有哪些力学性能？…… 14
28. 何谓木材纤维饱和点？它在三层实木复合地板加工过程中有何实用价值？…… 14
29. 木材在干燥时与哪几个因素有关？…… 15
30. 为什么三层实木复合地板每层木板料干燥到要求值后，还要进行终了处理？…… 15

31. 何谓木材干缩？常用何参数确定其值？ …… 15
32. 木材各方向干缩是否相同？哪个方向最大？ …… 16
33. 何谓干缩系数？干缩系数在地板加工和铺设中有何作用？ …… 16
34. 何谓木材膨胀？衡量木材膨胀采用何值？ …… 16
35. 在制作三层实木复合地板时，如何减少地板表板干缩和湿胀？ …… 16
36. 何谓天然缺陷？哪些天然缺陷在地板表面不允许出现？哪些缺陷允许显现在板表面？ …… 17
37. 何谓养生？三层实木复合地板每层板料是否要养生？为什么？ …… 17
38. 地板板料养生期如何确定？ …… 17
39. 三层实木复合地板的表板材质有何要求？常用的材种有哪些？ …… 18
40. 三层实木复合地板的芯板材质应具有哪些特点？常采用哪几种木材？ …… 18

第二篇　三层实木复合地板营销 …… 19

第一节　三层实木复合地板基本知识 …… 21

1. 目前市场上销售的木地板有几大类？为什么三层实木复合地板越来越受到消费者青睐？ …… 21
2. 何谓三层实木复合地板？其具有哪些特点？ …… 21
3. 三层实木复合地板为什么具有尺寸稳定性好的特点？ …… 22
4. 三层实木复合地板能否铺设于地热系统？ …… 22
5. 三层实木地板能否用作体育场馆？ …… 22
6. 如何选购三层实木复合地板？ …… 22
7. 三层实木复合地板如何分类？ …… 23
8. 三层实木复合地板用旧了，能否翻新？为什么？ …… 23
9. 三层实木复合地板为什么脚感舒适？ …… 23
10. 三层实木复合地板按标准应如何标识？ …… 24
11. 为什么说三层实木复合地板是符合国情持续发展的“朝阳地板”？ …… 24
12. 何谓浸渍剥离？按国家标准其值是多少？ …… 24
13. 国家标准中为什么要定浸渍剥离值？ …… 24
14. 何谓三层实木复合地板的弹性模量？国家标准值多少？ …… 25
15. 何谓三层实木复合地板的静曲强度？国家标准允许值是多少？ …… 25
16. 目前我国三层实木复合地板在选购中出现哪些误区？ …… 25
17. 何谓阻燃三层实木复合地板？分为几个等级 …… 26
18. 铺设于体育场馆的三层实木复合地板，检验地板质量的理化性能指标是哪些？其值应达多少？ …… 26
19. 为什么铺设于地暖系统的三层实木复合地板的甲醛释放量，建议采用 E_0 级以下值？ …… 26
20. 有的企业采用 F★★★★ 级胶，压制而成的三层实木复合地板，其甲醛释放量是否达到国家标准规定的值？是否符合环保？是否可用于地暖系统铺设？ …… 26
21. 三层实木复合地板因板较长，长度方向与宽度方向经常会出现翘曲是否允许？其值不超过多少定为合格产品？ …… 27
22. 三层实木复合地板的翘曲度如何进行测量？ …… 27
23. 三层实木复合地板拼装有几种连接形式？各具有何特点？ …… 27
24. 被公认为绿色环保的三层实木复合地板，国内外用哪些标志向消费者显示？ …… 27

25. 中国认可的环境标志（“十环”标志）的含义是什么？ …… 28
26. “蓝天使”标志由哪个国家推出？其标识的内容有哪些？ …… 28
27. 三层实木复合地板是否符合低碳排放？ …… 28
28. 国际贸易壁垒中提的“双反”，其含义是什么？ …… 28
29. 国际贸易的壁垒中提出的“反倾销”其实施条件是什么？ …… 29
30. 简述三层实木复合地板的生产工艺。 …… 29
31. 三层实木复合地板加工前须进行哪些处理？为什么？ …… 29
32. 试述三层实木复合地板面板的生产工艺。 …… 30
33. 试述三层实木复合地板芯层的生产工艺。 …… 30
34. 试述三层实木复合地板底板的生产特点。 …… 30
35. 为什么三层实木复合地板的生产成本远高于多层实木复合地板？ …… 30
第二节　市场营销基本知识 …… 31
1. 导购员应具备哪些素质？ …… 31
2. 店长的职责是什么？ …… 31
3. 导购员的行为准则应具有哪些要求？ …… 31
4. 导购员向客户推荐产品时应注意哪些事项？ …… 32
5. 导购员在门店日常工作中如何接待客户电话？ …… 32
6. 何谓区域经理？它的职责是什么？ …… 32
7. 三层实木复合地板在店内销售时，导购员如何做好、售前、售中、售后服务？ …… 33
8. 导购员（销售人员）在店内推销产品时，经常会遇到哪些消费者（客户）表示出不利销售的冷漠态度？如何应对？ …… 33
9. 销售人员如何与客户建立良好的关系？ …… 34
10. 为什么“地板工程”已逐渐成为销售渠道中的重要组成部分？ …… 35
11. 承建“地板工程”项目应包括哪些主要工作？ …… 35
12. 如何提高店面的销售功能？ …… 36
13. 如何做好团购促销？ …… 36
14. 三层实木复合地板内销市场有哪些渠道？ …… 37
第三篇　地暖地板 …… 39
第一节　地面辐射供暖基本知识 …… 41
1. 何谓地面辐射供暖？具有几种形式？ …… 41
2. 地面辐射供暖与其他供暖形式相比具有什么特点？ …… 41
3. 热传递有几种形式？地面辐射供暖主要是有哪种形式进行传递？ …… 41
4. 何谓热传导？ …… 41
5. 何谓对流？ …… 41
6. 何谓热辐射？与对流和传导有什么不同？ …… 41
7. 何谓地表面的温度？室内地板表面的温度应达到多少值？如何测定其值？ …… 41
8. 影响地表面温度值有哪些因素？ …… 42
9. 何谓导热系数？在地面辐射供暖装置中如何选择导热系数不同的材料？ …… 42
10. 何谓传热系数？ …… 42

12. 何谓热阻？常用的地面装饰材料中哪种材料热阻最大？哪种材料热阻最小？
木地板属于热阻小还是大？其值多少？ …… 43
13. 为什么人们喜爱用木地板铺设于地暖系统上？ …… 43
14. “地暖”为什么全称为地面辐射供暖装置？ …… 43
15. 为什么地面辐射供暖装置是供暖形式中最为舒适的一种供暖装置？ …… 44
16. 何谓低温热水地面辐射供暖装置？它由哪几部分组成？ …… 44
17. 低温热水地面辐射供暖装置可采用哪些热源？最常用是哪种？ …… 44
18. 低温热水地面辐射供暖装置在安装时如何保证达到室内舒适的温度？ …… 45
19. 地热地板下面的地暖系统，为保证热量不损失和正常热传递其地面结构层有几层？ …… 45
20. 安装“水地暖”或发热电缆低温供暖系统时为什么地面构造层要有填充层？
其结构如何？ …… 45
21. 何谓绝热层，如何保证绝热层起到绝热效果？ …… 45
22. 何谓找平层？在地面构造层中起何作用？ …… 45
23. 低温热水地面辐射供暖系统在施工中间何阶段时要进行水压试验？
为什么要做多次水压试验？ …… 46
24. 为什么低温热水地面供暖系统装置安装加热管时其加热管管道的环路，长度要相等
至少要接近？达不到时如何补救？ …… 46
25. “水地暖”系统在试运行前，为什么必须对供暖主干管进行冲洗？如何冲洗？ …… 46
26. 何谓电地暖？常用的电地暖有几种形式？ …… 46
27. 何谓电热膜？ …… 46
28. 何谓电热膜地面辐射供暖系统？ …… 46
29. 何谓发热电缆？ …… 46
30. 何谓发热电缆地面辐射供暖系统？它是如何控制温度的？ …… 47
31. 为什么电热膜电地暖系统装置中有泄漏电流？它与漏电是否同一概念？ …… 47
32. 电热膜地面辐射供暖系统为保证使用安全性，采取什么措施？ …… 48
33. 发热电缆地面辐射供暖系统如何保障，在运行中安全性？ …… 48
34. 水地暖系统装置调试和运行中应注意什么？ …… 48
35. 水、电两地暖系统工程安装完毕，如何正确测定该工地的供暖效果？ …… 49
36. 何谓局部过热？ …… 49
37. 为什么电地暖系统在调试或使用过程中偶尔也会出现跳闸现象？ …… 49
38. 在电地暖系统装置中如何消除过热现象？ …… 49
39. 在水地暖验收或运行时，进水管正常情况应达到多少度，若达不到应采取哪些措施？ …… 49
40. 在水地暖验收或正常运行中排水管正常温度为多少？与进水温度差多少？若回水管
达不到上述温度（不热）应采取何措施？ …… 50
41. 木地板铺装后，发现木地板下面有渗漏水时，应该如何解决？ …… 50
42. 地热地板铺装工人为什么在地暖系统装置调试、维修时都应该在工地现场？ …… 50
第二节　地暖地板 …… 50
一、地暖地板 …… 50
1. 铺设于地面辐射供暖装置（简称“地暖装置”）上的木地板有几类木地板？ …… 50

2. 是否所有的地面装饰都可铺设于地暖装置？ …… 51
3. 是否所有有实木复合地板都可用作地暖地板？为什么？ …… 51
4. 实木地板是否可用作地暖地板？为什么标准中指出慎用？ …… 51
5. 铺设在地暖系统装置上的木地板应执行哪几个标准？ …… 51
6. 地暖地板在铺设前对地面有何要求？ …… 51
7. 地暖地板铺设在水地暖系统装置上时，铺设前对地面必须做哪些检查？ …… 52
8. 地暖地板铺在电地暖系统装置上时，铺设前应做哪些检查？ …… 52
9. 地暖地板的背面为什么不宜敷贴铝薄膜？ …… 52
10. 为什么在标准中规定地暖地板宜薄不宜厚？最适宜的厚度是多少？ …… 52
11. 地暖地板在标准中为什么特别强调地板规格（长×宽）宜小不宜大？ …… 52
12. 地暖地板应具备哪些质量要求？ …… 52
13. 在市场上销售的木地板，哪几种木材做成地板后尺寸稳定性好？ …… 53
二、地暖地板铺设 …… 53
14. 地暖地板铺设方法有几种？常用是哪几种铺设方法？哪一种方法最佳？ …… 53
15. 哪几类地暖系统装置适宜采用龙骨铺设法铺设木地板？ …… 53
16. 用于地暖地板铺设的龙骨有哪几种材料？木质材料的龙骨应达到哪些质量要求？ …… 53
17. 何谓胶粘法？为什么说铺于地暖系统装置上其铺设效果是最佳的？ …… 53
18. 地暖地板采用胶粘铺设时，有几种铺设法？各有什么特点？ …… 54
19. 地暖地板采用胶粘铺设法时，其离墙的四周还要预留伸缩缝吗？ …… 54
20. 试述满胶铺设法操作规程。 …… 54
21. 试述条胶铺设法的操作规程。 …… 55
22. 试述垫层条胶铺设法的操作规程。 …… 55
23. 铺设地暖地板为了隔潮，是否可采用覆贴有铝膜垫层？为什么？ …… 56
24. 木地板铺设采用的胶粘剂质量有何要求？ …… 56
25. 地暖地板铺设于平房或高楼底层时，胶粘剂与其他层的居室铺设时有什么不同？ …… 56
26. 地暖地板铺设前，为什么建议业主先做环保（甲醛释放量）测试？ …… 56
27. 地暖地板铺设后的质量，按照标准应该检测哪几项？其执行何标准？ …… 56
28. 地暖地板铺设后按标准应何时验收？若超过标准规定时，应按何标准执行？ …… 57
29. 签订地暖地板合同时，为什么在合同中一定要写入验收时间？ …… 57
30. 当铺设地暖地板时，地面又潮湿，地暖系统装置又不能开启，业主又急于铺设如何解决？ …… 57
31. 地暖地板采用满胶铺设法时，为什么对地面平整度要求更为严格？若地面不平整应采用何措施进行平整？ …… 57
32. 地暖地板采用胶粘铺设法，成本较其他铺设方法高，为什么还越来越受到消费者的青睐？ …… 58
33. 地暖地板采用龙骨铺设法时，填充层还要回填材料吗？ …… 58
34. 铺设地暖地板时，为什么在地板下面不建议放置胶合板或细木工板？ …… 58
第四篇　辅助材料 …… 59
第一节　三层实木复合地板采用的胶粘剂 …… 61
1. 何谓胶粘剂？胶粘剂在三层实木复合地板中的作用是什么？ …… 61

2. 三层实木复合地板在生产中常用的胶粘剂有哪几大类？又为什么脲醛树脂胶在三层实木复合地板或其他地板中应用较为普遍？ …… 61
3. 何谓脲醛树脂胶？为什么未经改性的脲醛树脂胶中甲醛已聚合还会有甲醛释放？ …… 61
4. 何谓甲醛、甲醛释放量？测定三层实木复合地板甲醛释放量有几种方法？ …… 61
5. 何谓穿孔萃取法？其国家规定甲醛释放量值为多少？ …… 62
6. 何谓气候箱法？按其法测定，国家标准甲醛释放量的限定值是多少？ …… 62
7. 何谓干燥器法？按其法测定时，国家标准甲醛释放量的限定值是多少？ …… 62
8. 穿孔萃取法为什么在实木复合地板新标准中不采用？GB/T 18103—2013《实木复合地板》中采用何种方法测定甲醛释放量？ …… 62
9. 我国卫生部门规定人们居室中的标准中对室内甲醛释放量最高限值是多少？其他有害值控制多少？ …… 62
10. 三层实木复合地板所用的胶粘剂基本质量要求有哪些？ …… 62
11. 何谓固体含量？其标准值应多少？ …… 62
12. 何谓黏度？其标准值应为多少？ …… 62
13. 何谓 pH 值？ …… 63
14. 当三层实木复合地板在不同地区（城市）的检测机构所测的甲醛释放量值不相同，对该产品又有争议时，采用何种测定方法进行仲裁检测？ …… 63
第二节　三层实木复合地板采用的涂料 …… 63
一、涂料的基本知识 …… 63
15. 三层实木复合地板通常采用哪几类表面装饰涂料？ …… 63
16. 为达到三层实木复合地板表面装饰效果，选用涂料时应达到哪些基本要求？ …… 63
17. 试述三层实木复合地板选择表面装饰涂料时的施工性能？ …… 64
18. 三层实木复合地板表面装饰涂料在标准中对漆膜有哪几项指标？其值是多少？ …… 64
19. 何谓漆膜附着力？在生产中如何保证漆膜的附着力好？ …… 64
20. 三层实木复合地板表层的漆膜为什么既要硬度又要柔韧度？ …… 64
21. 三层实木复合地板表层漆膜的耐磨性用何参数表示？其值应多少？ …… 64
22. 实木复合地板标准中规定的磨耗值与强化木地板标准中耐磨转数表示有何差异？ …… 64
23. 何谓光敏涂料（光敏漆）？为什么三层实木复合地板油漆线极大部分都采用光敏涂料？ …… 65
24. 何谓 PU 漆？它应用于哪种类型地板？ …… 65
25. 何谓 PE 漆？其性能特点有哪些？ …… 65
26. 试述光敏涂料有哪几部分组成？ …… 65
27. 光敏涂料中光敏剂起何作用？ …… 65
28. 试述 UV 光固化涂料（UV 漆）的涂刷工艺？ …… 66
29. 为什么三层实木复合地板表面涂刷 UV 漆，其漆膜为什么几十秒就能干？ …… 66
30. UV 漆（光敏漆）涂饰生产流水线是由哪几部分设备组成？相互间如何连成生产线？ …… 66
31. 地板涂料 PU 聚酯漆与 PE 聚酯漆有何差别？ …… 67
32. 何谓湿碰湿工艺？何种涂料采用湿碰湿工艺？ …… 67
33. 何谓亚光漆？具有何特点？ …… 67
34. 为什么涂饰面漆前，一定要进行封闭底漆涂刷？ …… 68

35. 何谓漆膜硬度？三层实木复合地板的漆膜越硬是否越耐磨？用何方法测定？ …… 68
36. 何谓固体分含量？选购涂料时，是否所有涂料都应该选择固体分含量高的涂料？ …… 68
37. 为什么有的三层实木复合地板采用 UV 光固化涂料，有的采用 PU 漆或 PE 漆？ …… 68
二、三层实木复合地板表面涂层常见问题与产生原因 …… 69
（一）漆膜常见问题与产生原因 …… 69
38. 三层实木复合地板表面涂饰后，其表面常会出现哪些缺陷？ …… 69
39. 打开三层实木复合地板包装箱后，发现有小部分板面有凸起小圆泡，这是什么现象？产生的原因是什么？ …… 69
40. 为什么有的地板表板会出现木材纹理不清晰的现象？ …… 69
41. 为什么有的三层实木复合地板，开包铺设时会发现有的板面上出现类似针孔的点，其原因是什么？ …… 69
42. 为什么有的三层实木复合地板拆包时或使用中发现部分地板有黏手现象？ …… 69
43. 何谓漆膜橘皮现象？为何产生此现象？ …… 70
44. 何谓漆膜“发笑”？产生漆膜“发笑”的原因是什么？ …… 70
45. 为什么有的三层实木复合地板使用不当板面漆膜出现裂纹？其原因是什么？ …… 70
46. 为什么在涂料涂刷过程中，置于漆桶中的油漆会逐渐变厚？如何预防？ …… 70
（二）UV 光固化涂料中常见问题及解决方法 …… 71
47. 为什么三层实木复合地板从 UV 光固化涂料生产线出来后，有的木地板面板的前端会出现漆面凸起？如何解决？ …… 71
48. 为什么 UV 光固化涂料生产线涂饰后发现有的三层实木复合地面板漆漆膜不均匀？其原因与解决的方法是什么？ …… 71
49. 为什么 UV 光固化涂料生产线涂饰后发现有的三层实木复合地板的表层漆膜出现横纹？其原因与解决的方法是什么？ …… 71
50. 三层实木复合地板在 UV 光固化涂料生产线上涂饰亚光漆时，出现同一块地板或不同块地板面板光泽不匀，其原因是什么？如何解决？ …… 71
51. 三层实木复合地板进入 UV 光固化生产线，出板时发现面板漆膜有小空穴，其原因和解决的方法是什么？ …… 72
52. 三层实木复合地板从 UV 光固化生产线出来，发现面板有小黑点，其原因和解决方法是什么？ … 72
三、地板板面色泽处理 …… 72
53. 为什么有的三层实木复合地板表层板材需要漂白处理？ …… 72
54. 试述漂白处理的原理。 …… 72
55. 常用于木材的漂白剂有哪些？ …… 73
56. 影响漂白效果的因素有哪些？ …… 73
57. 在保管加工或使用过程中，木地板面板常会发生色变，其原因是什么？ …… 73
58. 三层实木复合地板表层有哪些材种会出现黑变色？其原因是什么？ …… 74
59. 如何防止地板表层加工时黑变色？ …… 74
60. 当铺设三层实木复合地板时，面板出现黑变色，如何区分其木材表面是铁变色还是霉变色？ …… 74
61. 柚木地板为什么在涂饰前要先进行阳光晒？ …… 74

62. 何谓地板碱变色？在地板面板会呈现何色？ …… 74
63. 哪几种材质地板会引起碱变色？在何环境中会引起碱变色？ …… 74
第三节　踢脚板与垫层 …… 75
一、踢脚板 …… 75
64. 何谓踢脚板？它有何作用？ …… 75
65. 常用于室内三层实木复合地板铺设的踢脚板有哪几种材料？各有什么特点？ …… 75
66. 踢脚板的背面为什么要开槽？其槽规格建议多少？ …… 75
67. 踢脚板的规格有何要求？ …… 75
68. 试述踢脚板的几种安装方法。 …… 75
69. 试述楔子法钉贴踢脚板的工序。 …… 75
70. 踢脚板如何进行验收？ …… 76
二、地垫、龙骨、五金与毛地板 …… 76
71. 地垫的作用？常用的有哪几类？ …… 76
72. 何谓铺垫宝？它具有何特点？ …… 76
73. 何谓龙骨？市场上销售的龙骨有几种？ …… 76
74. 木龙骨固定于地面有几种方法？ …… 76
75. 三层实木复合地板在铺设时，为什么要采用五金配件？常用的五金配件有哪几种材料？ …… 77
76. 试述平扣条的作用。 …… 77
77. 试述高度差扣条（亦称过渡扣条）的作用。 …… 77
78. 试述爬梯扣条的作用。 …… 77
79. 试述贴靠扣条（亦称收口条）的作用。 …… 77
80. 何谓毛地板？它具有何作用？ …… 78
81. 毛地板常用的材料有哪些？ …… 78
第五篇　铺设与售后服务 …… 79
第一节　铺设 …… 81
1. 铺设前如何验收三层实木复合地板？ …… 81
2. 铺设三层实木复合地板的铺设方法有几种？各有什么特点？ …… 81
3. 为什么目前业内一致公认地板质量“七分铺装、三分地板”？ …… 81
4. 铺设三层实木复合地板的基础面应达到如何要求？ …… 81
5. 为什么地面含水率达标，是保证地板铺设质量的关键？ …… 81
6. 保证三层实木复合地板的质量有几部分组成？ …… 82
7. 如何检测基层地面含水率？地面含水率按标准应达多少才能进行铺设？ …… 82
8. 如何检测地面平整度？其值按标准应达多少？ …… 82
9. 如何查阅各地区的平衡含水率？ …… 82
10. 当地面平整度不达标时，应采取何措施进行修复？ …… 82
11. 三层实木复合地板在不平整的基层面上铺设将会出现哪些不良现象？ …… 83
12. 三层实木复合地板在铺设前检测地面含水率过高，采取何措施？ …… 83
13. 铺设前为什么必须请消费者对三层实木复合地板质量进行验收签字？ …… 83
14. 铺设工人上岗铺设必须做到哪几条？ …… 83

15. 何谓悬浮铺设法？普通地板与地暖地板的悬浮铺设法有何区别？ …… 84
16. 铺设三层实木复合地板前应做哪些工作？ …… 84
17. 悬浮铺设法的垫层铺设有几种方案？各用于何场合铺设？ …… 84
18. 如何防止悬浮铺设后三层实木复合地板的胀缩变形？ …… 84
19. 试述悬浮铺设法的要点。 …… 84
20. 通常采用的毛地板有哪些材料？ …… 85
21. 为什么毛地板垫层垫层，采用人造板作为毛地板时，不能整张铺设？如何铺设？ …… 85
22. 在铺设三层实木复合地板时，为什么必须在底层铺防潮膜？应如何正确铺放？ …… 86
23. 采用悬浮铺设法铺设时既然留伸缩缝，为什么还要塞入填充物？其填充物是何材料？ …… 86
24. 如何验收木龙骨？ …… 86
25. 试述木龙骨铺设法要点。 …… 86
26. 为什么悬浮铺设法或龙骨铺设法铺设防潮膜时，都要沿墙面向上延伸 5～6cm，被踢脚板压住？ …… 87
27. 试述毛地板垫层铺设法施工要点。 …… 87
28. 长条三层实木复合地板常用铺设法图案有哪些？其具有哪些特点？ …… 87
29. 为保证地板质量，铺设前遇到哪几种情况不能铺设？ …… 88
30. 试述地面潮湿，防水涂料涂抹工序。 …… 88
31. 平房、高楼底层铺设前含水率应重点测试哪几个方面？为什么？ …… 88
32. 何谓隔断处理？为什么要做隔断处理？ …… 88
33. 采用毛地板垫层的龙骨铺设法时，毛地板与木龙骨固定，是否每种毛地板都呈 30°～60°斜向固定？ …… 88
34. 为分清事故的职责，应在木地板铺设前让客户做哪两个认可？ …… 89
35. 在承接大型地板项目工程时，三层实木复合地板规格如何进行批量抽查？ …… 89
36. 在铺设三层实木复合地板时若遇到门，地板面层与门的铺设距离应如何控制？ …… 89
37. 铺设在大会议厅、大客厅、健身房的三层实木复合地板是否要做隔断处理？ …… 89
38. 客厅中既铺设三层实木复合地板，又铺设石材时，其交界面如何处理才能保证木地板不变形？ …… 91
39. 三层实木地板铺设完工后，应如何验收？ …… 91
40. 如何检测拼装离缝？ …… 91
41. 如何检测拼装高度差？ …… 91
42. 在体育场馆、健身房铺设三层实木复合地板，与普通场所或家庭有何区别？ …… 91
43. 何谓球的反弹率？如何检测球的反弹率？ …… 91
44. 在国家级体育场馆铺设三层实木复合地板时，应具有怎样的结构层才能满足功能要求？ …… 92
45. 试述国家体育场馆、舞台、舞厅、高级健身房铺设三层实木复合地板的要点。 …… 92
第二节　售后服务 …… 93
46. 试述售后服务在企业营销中的作用？ …… 93
47. 售后服务部门的日常工作包括哪些内容？ …… 93
48. 售后服务投诉受理人员应具有怎样素质？ …… 94
49. 受理各类投诉案件后，售后服务人员如何与公司相关部门沟通？ …… 94

50. 售后服务人员在处理投诉案例时应掌握哪些原则？ …… 94
51. 正确处理投诉中有哪些技巧？ …… 94
52. 在营销终端遇到国家有关部门抽检地板产品时，应如何正确对待？ …… 95
53. 试述客户投诉处理的流程？ …… 95
54. 售后服务遇到客户投诉，哪些案件应积极抓紧处理？哪些案件应该缓慢处理？ …… 95
55. 三层实木复合地板铺设后出现质量纠纷时，客户将被铺设过的地板送去检测是否合理？为什么？应如何解决？ …… 96
56. 消费者使用一个月后投诉地板铺的不平，或有缝隙，此时售后服务人员应按何标准判定是否超值？ …… 96
57. 什么是凹瓦变？三层实木复合地板为什么会出现凹瓦变？ …… 96
58. 铺设的三层实木复合地板出现凹瓦变现象，应采取何措施进行制止？ …… 96
59. 凹瓦变地板达多少值属超标？如何测定？ …… 96
60. 何谓地板起拱？何原因造成？ …… 97
61. 如何解决地板起拱现象？ …… 97
62. 何谓响声？述说其产生的原因？ …… 97
63. 何谓裂纹？地板出现裂纹的原因是什么？ …… 97
64. 三层实木复合地板铺设后一个月，地板表面颜色深浅差异较大或产生色泽不协调，其原因是什么？ …… 98
第六篇　木地板事故案例分析 …… 99
案例一　环境与地面潮湿，导致三层实木复合地板凹瓦变 …… 101
案例二　大理石未做阻水层，导致地板凹瓦变 …… 101
案例三　伸缩缝留得过小，导致地板起拱 …… 102
案例四　水泥地面强度不够引起地板响声 …… 102
案例五　维护不当，引起地板响声 …… 103
案例六　地板榫槽配合太松，引起地板响声 …… 103
案例七　阳光直射，导致地板色变 …… 104
案例八　铁艺家具引起地板变色 …… 104
案例九　地面渗水，导致铺设的三层实木复合地板蓝黑变 …… 105
案例十　三层实木复合地板铺后室内不热 …… 106
案例十一　地面渗水，三层实木复合地板表层漆膜分层脱落 …… 106
案例十二　三层实木复合地板变色 …… 107
案例十三　三层实木复合地板板面出现波纹状——唯独三层实木复合地板才出现此现象 …… 107
附录 …… 109
附录 1　GB/T 18102—2007《浸渍纸层压木质地板》（摘录） …… 109
附录 2　GB/T 15036.1～15036.2—2009《实木地板》（摘录） …… 111
附录 3　GB/T 18103—2013《实木复合地板》（摘录） …… 113
附录 4　GB/T 20240—2006《竹地板》（摘录） …… 116
附录 5　WB/T 1049—2012《阻燃木质地板》（摘录） …… 118

附录 6 WB/T 1050—2012《木地板铺设辅料》(摘录) …… 119
附录 7 HG/T 4223—2011《木地板铺装胶粘剂》(摘录) …… 121
附录 8 WB/T 1051—2012《木地板铺装工技术等级要求》(摘录) …… 122
附录 9 LY/T 1700—2007《地采暖用木质地板》(摘录) …… 125
附录 10 WB/T 1037—2008《地面辐射供暖木质地板铺设技术和验收规范》(摘录) …… 126
附录 11 WB/T 1030—2006《木地板铺设技术与质量检测》(摘录) …… 127
附录 12 WB/T 1017—2006《木地板保修期内面层检验规范》(摘录) …… 128
附录 13 我国各省(区)、直辖市木材平衡含水率值 …… 129
附录 14 我国 160 个主要城市木材平衡含水率气象值 …… 130
附录 15 GB/T 18581—2009《室内装饰装修材料溶剂型木器涂料中有害物质限量》(摘录) …… 134
附录 16 地板售后服务的六个签字 …… 135
表 16-1 地板供货订购单 …… 135
表 16-2 地板质量验收单 …… 136
表 16-3 地板铺设任务单 …… 137
表 16-4 地板铺设验收单 …… 138
表 16-5 客户回访调查单 …… 139
表 16-6 客户投诉处理单 …… 140
附录 17 湿度表(气流速度等于和大于 2m/s) …… 141
附录 18 128 种材种名总表 …… 143
附录 19 老骥伏枥 志在千里 古道热肠 鞠躬尽瘁 …… 164
附录 20 圣象集团大事记 …… 172
参考文献 …… 174

中国建材工业出版社
China Building Materials Press

绪　论

一、我国木地板行业回顾

小小木地板闯入市场，开拓了一个行业！从1985年在上海不足100米长的舟山路木地板一条街，到400米长的风城路，沿街开设一家挨一家装饰简陋的木地板销售店，经营销售的木地板来自东北、西北，以及云南省林区的枝桠材、小径材加工而成小规格（长×宽×厚为150～300mm×30～50mm×10～12mm）的平扣实木拼方地板。时至今日中国木地板行业在时起时落的风雨历程中走过了近30年，现已发展成为世界公认的名副其实的木地板生产大国。

翘指回首30年，中国木地板行业发生了翻天覆地变化，有最初单一的国产材加工的实木地板发展到多品位、多品种的五大类木地板，即实木地板、强化木地板（浸渍纸层压木质地板）、实木复合地板、竹地板和软木地板。从市场销售量的排序是强化木地板、实木复合地板、实木地板，而竹地板、软木地板与前三位地板相比市场占有量较少，特别是软木地板更少。

在30年地板行业的发展中，我们大致可归纳为以下三个发展阶段。

第一阶段（20世纪80年代中期～20世纪90年代中期）为地板行业的萌芽阶段

实木地板在20世纪50年代时，因国家森林资源匮乏，国家下文禁令木地板进入百姓家。随着改革开放，国民经济蓬勃发展，居民生活水平日益提高，人们对居室环境的室内装饰风格崇尚自然，因此实木地板越来越得宠，无论什么样的实木地板在当时地板市场都供不应求，当时的实木地板其表面都是白坯，工人们在铺设完后，就地砂光、油漆。就在此时，求学归国的学子以试探的形式将欧洲洋品牌的强化木地板引入中国木地板市场，如德国的温泰克、瑞士的柏丽、奥地利的艾格、挪威的鸳鸯等。在此同时翁少斌、彭鸿斌、刘共庭三剑客发现商机，抓住时机及时在中国强化木地板市场创建了一头“大象”——也就是在地板行业中家喻户晓、耳熟能详的圣象品牌。

第二阶段（20世纪90年代中期～21世纪初期）是木地板快速发展阶段

强化木地板自1995年被引进时，因消费者受传统观念的影响，仍旧偏爱实木地板，很难接受新品类的强化木地板，当时仅仅是一些高收入人员、演员、知识分子，以及留学归国人员钟爱，因此当时强化木地板销售量少，但其利润丰厚。以圣象为首的一些强化木地板品牌为拓宽强化木地板市场的销量，抽出资金，加大宣传力度，使强化木地板在消费者的心目中的认知度飞跃提升，品牌的知名度也在当时确立。当时有影响力度的强化木地板品牌有圣象、四川吉象、菲林格尔、升达、汇丽、红塔、宏耐等，销售量也随之快速递增，到21世纪初时已超过实木地板，如2001年时强化木地板销量已达7500万平方米，实木地板为6000万平方米。

强化木地板的发展历程归纳21字是：小批量进口到大规模进口，从欧洲制造到国内制造。

实木复合地板对珍贵材的消耗低于实木地板，它又充分利用速生材、针叶材，符合时代可持续发展的优势，而且尺寸稳定性又优于实木地板，因此从21世纪初随房地产的快速发展，特别建设部发文，房地产公司精装修后交房，在一线城市试点，使地板工程量大增，2003年开始进入快速发展阶段，特别是多层实木复合地板发展更为迅猛，由此也激发了一些地板企业打破单一品种地板的生产，纷纷增添实木复合地板生产线，到2006年时实木复合地板销售量与实木地板旗鼓相当。目前为止，全国实木复合地板有影响力的品牌有，圣象、大自然、生活家、安信、吉林森工、四合、菲林格尔、德尔、世友、久盛、福马、美丽岛、德和、金鹰艾格、科冕、格尔森、融汇、鹦鹉等。

第三阶段（21世纪初期～至今）快速发展到成熟稳步发展

自21世纪初，地板拓荒者高志华教授在协会积极支持下，引领地板企业在市场推出了30家地板质量、售后服务双承诺，促使实木地板经营理念的提升、企业品牌意识的提高，改变了低、小、散的面貌，从过去的只重视卖地板，而逐步转向既关注地板质量，又关注售前、售中、售后服务，为此造就了一批实木地板知名品牌，如大自然、安信、世友、久盛、富得利、美丽岛、格尔森、融汇、徐家、林牌、鑫屋等。

如今中国生产的木地板无论是实木地板、强化木地板，还是实木复合地板、竹地板，其外观油漆质量或内在质量都已达到国际先进水平，地板总产销量在2005年已达2.9亿平方米，其中强化木地板占50%，实木地板占27%，实木复合地板发展势头更为强劲，特别是房地产公司精装修，大力推广与地暖系统相结合，得到消费者认可，促使实木复合地板销售量快速增长，到2011年实木复合地板销售量已远远超过实木地板，达1倍。

由于我国竹资源丰富，占世界竹林面积25%，丰富的竹资源为竹地板产业的发展奠定了良好的基础。其发展速度虽然远低于实木复合地板，但在2010年，竹地板的销量已达2530万平方米，占总销量的6.5%，其中在市场中脱颖而出的品牌有，大庄、永裕、通贵、井泰、春红等。然而在发展进程中，由于竹地板生产线可采用机械化程度高的生产线，也可手工作坊式，致使一部分小企业利用偷工减料的方式获取利润，打价格战，因此影响竹地板产业良性发展。

自21世纪初以来中国的地板产业突飞猛进，有众多的国内品牌走出了国门走向国际市场，出口主要集中于美国、加拿大、日本、英国，但我国与美国在木地板国际贸易中一直纠纷不断，2005年强化木地板遭遇"337调查"，对中国18家地板企业发起针对相关专利的337立案调查，在美国国际贸易委员会的袒护下终裁裁定，中国地板企业在美国销售的地板专利侵权成立。事隔不久，到2006年11月底美国胶合板产业发起"332调查"，此案调查最终以中国胜利而告终。到2010年美国商务部又对我国出口到美国的多层实木复合地板进行反倾销、反补贴调查，简称"双反"调查。该案涉及中国对美国出口的169家木地板企业。经过认真细致准备，积极应诉，在终裁中取得了良好的结果，其中浙江裕华木业有限公司企业仅一家被抽样答卷中获得了反倾销反补贴的"双零"裁决，其他企业反倾销税率为3.31%，反补贴税率为1.5%。

市场是残酷的也是磨炼人的，在30年的市场竞争中，中国地板企业于2006年遭受了美国资本危机引发的金融海啸的波及，又于2011年中国经济结构调整，国家多次出台房产限购政策，购房需求持续观望，国际木地板连遭贸易纠纷，国内木地板销量下滑，在当今市场竞争激烈的时代，有的企业又抓住商机，从单一的木地板品类，到多品类木地板，又延伸到木家居和大家居，并形成上中下游，产业一体化发展的集团，就此出现了一批可与国际著名企业实木相抗衡的民族企业，如圣象、大自然、吉林森工等。昔回首，30年地板行业的奋斗史证明地板企业已告别了小、低、散。30年的积淀，企业已锐变成有理念、有规模的现代企业。

地板行业是以木材为原料，深深懂得木材资源的珍贵、森林维护地球生态的重要，因此将会继续高举科技大旗投入到低碳经济中去，谱写下一个新篇章。

二、三层实木复合地板发展历程

三层实木复合地板是欧洲最受欢迎的地板品类，它诞生于北欧瑞典，有历史悠久的木业家族——“康树”，从古罗马的代表性建筑——拱形门的结构中得到启发，创造了第一块三层实木复合地板，又于1941年注册了产品发明专利。

在北欧人们追求的是一种自然、本真的生活状态。无论是家居装修，还是家居装饰的布置，人们都向往既能亲近自然、环保，又可体现自己的品味。而三层实木复合地板的结构既有实木的视觉、质感、环保，又有铺设安装快捷简便，所以又延伸到西欧迅速发展，现已成为欧洲家庭，特别是中青年人的青睐。根据不完全统计的数据表明，三层实木复合地板在欧洲，尤其是北欧，其市场占有率已达80%以上。

20世纪90年代时，国内由于部分人不正确理解靠水吃水、靠山吃山的精神，致使国内森林过度砍伐而造成枯竭，水土流失，生态环境恶化，自然灾害频频发生。因此，国家下令启动《天然林保护工程》，一棵树不能砍，致使实木地板的原料——木材，只能依赖进口材，也使实木地板价格一路飙升，而消费者崇尚自然，又喜爱实木，因此三层实木复合地板就在此环境中应运而生。

20世纪90年代中期，吉林森工金桥木业集团与山东青岛海洋局下属的地板企业，两个不同地点、不同类型企业都关注三层实木复合地板，发现它的品质优于其他品类地板，因此在德国和意大利两国分别引进三层实木复合地板生产线设备，制造出中国的“金桥”和“达木”两个品牌的三层实木复合地板，但当时国内消费者还不够成熟，绝大部分消费者还是保留采用实木地板，当时的三层实木复合地板90%左右销往欧洲，也就在国内三层实木复合地板处于萌芽期间，“圣象集团”高层领导在考察欧洲市场时，发现三层实木复合地板既有实木的感觉，又改进了实木地板的尺寸，因此他们于1997年将原汁原味质量上乘的北欧品牌——“康树”三层实木复合地板果断地引入中国，做“康树”在中国的独家代理圣象地板。他们对该品牌勤耕细作，深化宣传力度，使三层实木复合地板逐渐被人们认识。到20世纪末期时，我国很多企业逐渐引进生产设备制造三层实木复合地板，它们分布于吉林、黑龙江、广东、河北、天津、江苏、云南等省市，当时在国内市场的品牌有：康树、金桥、宜华、爱家、北亚、达木、森林王、中意、阿美、广泰、广田、郭发、金龙、环美、美丽岛、金发、马维斯德、新合、天乐恩、泛美、美豪等。就在三层实木复合地板稳步发展时，于20世纪末期中美合资企业—深圳森林王公司（其产品商标为雄师）在深圳、上海和北京等地的各大媒体发动了一场史无前例的广告战，其作战目的打击热销中的强化木地板，抬高三层实木复合地板的价值，“森林王”来势汹涌引起强化木地板企业很大波动，圣象、吉象等品牌发起诉讼、对簿公堂，高志华教授作为专家证人出庭，作了不偏不倚的证词。最后市场官司以双方都能接受的判决而尘埃落定，这场官司因森林王商标为“雄狮”、圣象商标为

“大象”，因此业内人士称为“狮象大战”。通过这次大战，也使人们进一步知晓了三层实木复合地板。

市场是残酷的，三层实木复合地板在20年市场搏击中，有不少三层实木复合地板企业已湮没在市场的大海中，但也有的企业在市场竞争中壮大，圣象集团公司不仅使圣象康树越来越壮大、完善，而且又于2004年从德国引进两条全自动三层实木复合地板生产线，在工艺上融合欧洲三层实木复合地板的百年工艺，集原木、科技、时尚为一体制作出无缝隙、抗变形、有个性原汁原味的“圣象康逸”三层实木复合地板。

自2013年以来蓬勃发展的房地产市场受国家房屋限购政策出台的影响，房地产市场有所冷落，但三层实木复合地板在近几年的发展道路中，不断技术创新，工艺改良，呈现了喜人的形势，销售量每年递增，到2014年已达2500万平方米，2015年递增11%，达2800万平方米左右，国内已经形成了从植树造林、基材加工、生产、销量的完整产业体系，出现了一批实力雄厚的民族企业，造就了一批国内外知名品牌，如圣象康树、如圣象康逸、大自然、吉林森工金桥、宜华、四合、金隆、生活家、德合等。

三层实木复合地板结构合理，优化珍贵材，充分利用速生材和小径材，具有可持续发展的优势，又有先进的生产技术。三层实木复合地板这个品类地板的突出优势，已经在生产者和消费领域得到认可，其产业已成为当前木地板行业瞩目的焦点。三层实木复合地板在市场竞争中已显现出其他地板产品不可比拟的竞争优势，潜力将不容小视，市场份额将会继续稳步增长。

第一篇　木材基础知识

1. 三层实木复合地板所采用的木材有何特点？

三层实木复合地板既保持了实木地板的脚感与返璞归真自然美丽的图案，又节约了大批的珍贵木材，符合绿色环保。它选用的既有珍贵木材（阔叶树材），又有速生木材。珍贵木材，如柚木、香脂木豆、印茄、花梨、枫木、桃花心木、柞木等，将其锯剖成一定厚度作为表板，而其中芯板采用软材即针叶材、速生材。所以，三层实木复合地板所采用木材既保证了实木厚度，而且脚感比实木地板更舒适、更富有弹性。

2. 木材按树种类别分类具有几大类？各有什么特点？

木材按树种类别分为阔叶树材与针叶树材两大类。

阔叶树材的特点是树叶呈扁平状，通常人们称其为阔叶树材。在其横切面上可见导管的管孔，如枫木、柞木、栎木、黑核桃、柚木等树种的木材统称为阔叶树材，其木材纹理妙趣横生、材质硬，因此它是三层实木复合地板表层板材的首选原材料。

针叶树材的特点是树叶形状似针状，业内称其为针叶树材，如红松、落叶松等树种的木材统称为针叶树材，其材质松软，所以是三层实木复合地板心材的首选材料。

3. 木材在加工过程中，可锯成几个切面？

木材由无数细胞组成，并构成不同功能的组织，其形态、大小和排列各有不同，在不同的切面其形状显示也不同。因此要了解木材的构造和材性，必须建立完整的主体概念，需要对木材进行任意方向锯剖，但其中对木材研究有价值是三个切面，即横切面、径切面和弦切面，如图 1-1 所示。

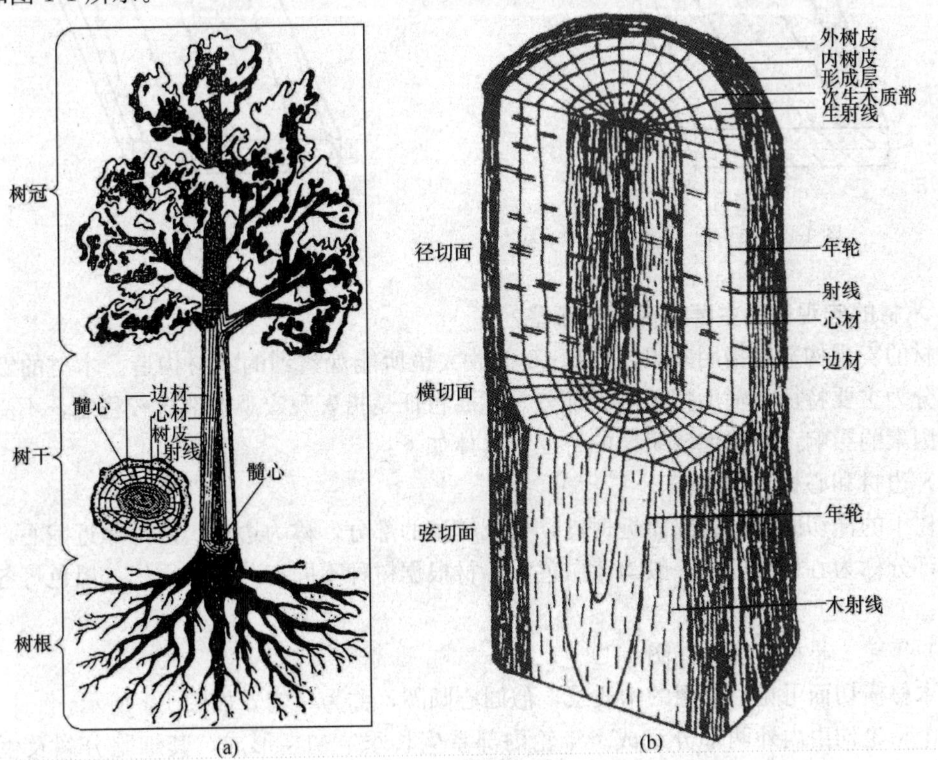

图 1-1　树木及木材的三个切面

（a）树木；（b）木材的三个切面

4. 何谓横切面？该切面能否作为地板的原材料其效果如何？

横切面是指与树干的纵轴或木纹方向垂直锯切的切面。在该切面上年轮呈同心圆状，木材细胞间的相互联系都能清楚地反映出来，它是识别木材最重要的切面。但是它制作成木地板或其他木制品时径向开裂变形较大，所以未经过特殊处理，很少应用横切面的木材直接加工成制品。

5. 何谓弦切面？其特点是什么？

弦切面是沿树干长轴方向与年轮相切的纵切面。它在切面上的木射线呈细线状或纺锤状，年轮呈山峰状的V形花纹。但是木材加工成板状时，不可能绝对符合上述所切面要求，往往有偏移，因此在木材生产和流通中，将板宽面与生长轮之间的夹角在0～45°的板材称为弦切板，如图1-2所示。

6. 何谓径切面？其特点是什么？

径切面是沿树干长轴方向，与树干半径方向一致或通过髓心的纵切面。在该切面上年轮呈平行条状线。同样在加工成木板时，也不可能绝对符合上述的要求，往往有偏移，因此在木材生产和流通中把板宽与生长轮之间的夹角在45°～90°之间板材皆称为径切板，其特点是用该板材生产出的木地板其干缩系数最小，尺寸稳定性好，如图1-3所示。

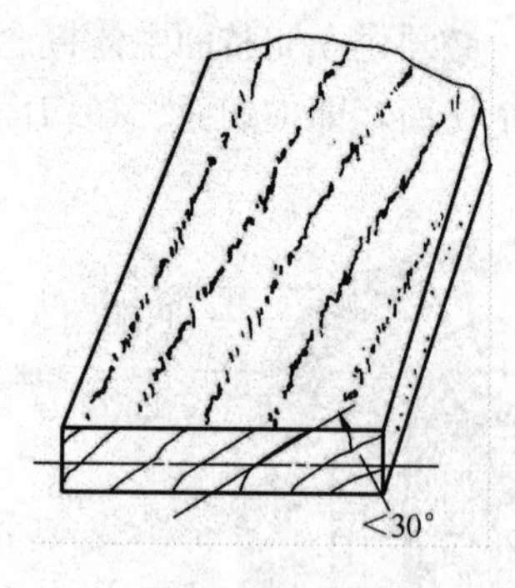

图1-2　弦切板

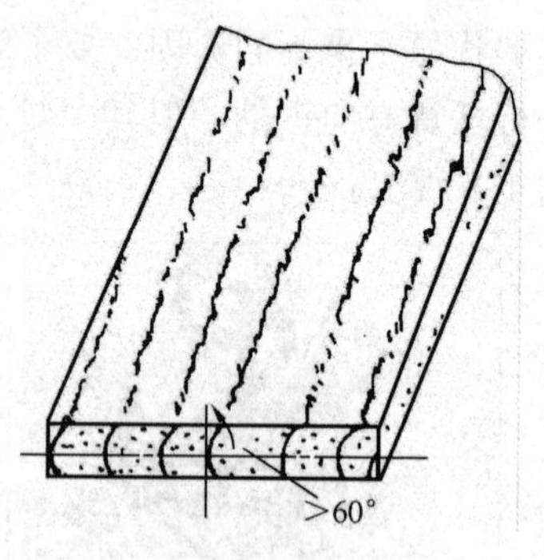

图1-3　径切板

7. 木材的宏观构造主要特征包括哪些？

木材的宏观构造是指用肉眼或借助10倍放大镜所能观察到的木材构造。木材的宏观构造特征分为主要特征和辅助特征两大部分。主要特征是指表观宏观构造比较稳定，不受或少受外界因素的影响，规律性较明显的特征，具体如下：

（1）边材和心材（图1-1）

从树干的横切面看，外部靠近树皮，材色较浅的部分，称为边材；内部靠近髓心，材色较深的部分称为心材。边材一般为黄白色，心材根据树种不同有黄、褐、红、黑色等各种不同颜色。

（2）年轮、早材与晚材（图1-1）

在木材横切面可见一圈圈的木质层，似同心圆圈，称为年轮，如图1-1所示。

每个年轮均由内外两部分组成。年轮内部系生长季节初期形成，其细胞分裂及生长迅速，材质疏松，材色较浅，称为早材；年轮外部系生长季节后期形成，细胞分裂及生长缓慢，材质坚硬，材色较深，称为晚材。

（3）管孔

大多数阔叶树材在轴向输导水分等组织是靠导管，而导管在横切面用肉眼可见，呈孔状，该孔称为管孔。而针叶树材在横切面上用肉眼观察看不到孔洞，故管孔是阔叶树材特有的构造。

（4）木射线

在木材横切面上，有许多与年轮相垂直由内向外呈辐射状的浅色条纹，这种断续穿过数个年轮的条纹称为木射线。

木射线在木材三切面上表现的形态不同，在横切面呈宽度不一的辐射线状，在径切面上呈断续的丝带状或片状，在弦切面上呈短竖线状或纺锤形，如图 1-1 所示。

（5）髓心

髓位于树干的中心部位，如图 1-1 所示。但由于树木生长时，受外界环境条件的影响，髓形成偏心材。它和第一年的木材构成髓心，髓心的形状很少位于树干中心，多数髓心在圆木端面上，如桤木呈三角形，桉树呈长方形。髓心组织松软，强度低，易开裂，并在它的周围多节，所以使用高质量的木材，不允许使用带髓心的板材。

（6）管孔内含物

在某些阔叶树材中，心材管孔含有一种泡沫状的有光泽的填充体，称为侵填体。

侵填体的有无或多少，可有助于识别木材，如栓皮栎、麻栎外貌特征很相似，红栎却无侵填体，以此来区分红栎与白栎两种栎类。

有些树种含有矿物质或有机物质，如桃花心木、柚木的导管中常见有白垩质的沉淀物。这些物质容易磨损刀具，但能提高木材的天然耐久性。

（7）树脂道

树脂道为某些针叶树材的独有，由特殊的分泌细胞所围成的充满树脂的孔道。在木材横切面上呈浅色的小点；在木材纵切面上呈深色的沟槽或线条。

（8）轴向薄壁组织

在阔叶树材的横切面上，可以看到比木材颜色浅的线条，或围绕管孔的圆圈或斑点状。在针叶树材中必须用显微镜下才能看见，因此不作为宏观构造识别的特征。

8. 识别木材宏观构造的辅助特征有哪些？

木材除了上题构造的主要特征之外，通过人的眼、鼻、舌等器官作用感受到的木材的另一些特征，称为木材宏观构造的辅助特征，如颜色、光泽、纹理、结构、花纹、气味等。

（1）颜色

不同木材有不同的颜色，如云杉、白松、椴木为浅白色，乌木为黑色，紫檀为紫黑色，酸枝为红褐色，巴西黄檀为淡黄色，非洲铁木豆为红褐色，苦楝为红褐色，印茄木为红褐色。

（2）光泽

木材的光泽是指木材细胞壁对光线吸收和反射的结果。木材若反射光线能力较强，吸收光线的能力较弱时，便能在木材表面呈现显著光泽；反之木材便呈现较暗淡或无光泽。如针叶材树中的云杉和冷杉的外貌极为相似，云杉具光泽，而冷杉不具光泽。又如阔叶树材中的香樟、檫木、筒状非洲楝等均具有显著光泽，若将木材表面的光泽在空气及日光的作用下，会逐渐减弱以至消失，若表面被刨切后，木材仍然能显示光泽。

（3）纹理

木材纹理简称为木纹，是指木材纵向细胞的排列方向。木材的纹理可分为直纹理与斜纹理两大类。直纹理的木材易加工，强度高，切面较光滑，但花纹简单。

斜纹理是因为木材细胞作各种交错或相互交错而形状多样。斜纹理又可分为交错纹理、波状纹理、螺旋纹理……斜纹理的木材强度降低，不易加工，刨削面不光滑，干燥时易出现翘曲和开裂。

（4）结构

木材结构是指组成木材各种细胞的大小及差异的程度。根据组成木材细胞的大小可分为粗结构和细结构。粗结构如泡桐、水曲柳等。有较多小的细胞所组成的木材，其材质细致，如黄杨木、柏木等。另外，根据组成木材细胞大小的均匀与否，又可分成均匀结构和不均匀结构。组成木材的细胞大小变化小者称均匀结构，如桦木、椴木、柏木等；细胞大小变化大者称为不均匀结构，如栎木、榆木、落叶松。

结构粗而不均匀的木材，加工易起毛，难以油漆，但花纹悦目；反之，易加工，材面光滑。

（5）花纹

木材表面因年轮、管孔、木射线、节疤等纵向排列而形成的各种天然的图案，称为木材花纹。通常针叶材花纹简单，阔叶树材花纹较丰富多彩。如核桃木，榆木、桦木和花梨木等树种待锯切或刨切后，在材面上呈现出似水或瘤状特殊图案。

（6）气味

木材的气味来自木材抽提物，主要存在于木材细胞腔内，有挥发油、单宁、树脂及树胶等。如松木有松脂气味，柏木和杉木具有特殊的香气。檀香有檀香香气，香樟有浓郁的樟脑香气，柚木有皮革味……

9. 木材的材种有几种称谓？我们标识三层实木复合地板时应如何标识材种？

木材来源于树木。树木是植物，因此按植物定名。木材名称通常有以下几种名称的称谓：

（1）科学名称

科学名称，简称学名，也叫拉丁名称。拉丁名称是世界通用的树木名称。

（2）一般名称

木材和其他物件一样，各有其名称或名字，如松木、柏木、榆木、桦木等，而这些称谓都是统称，词义欠明确和欠严谨。

（3）商品材名称

商品材是木材在商业流通中叫商品材，与树种名称既有区别又有联系。商品材名称范围广泛，指一个或一个以上树种或一个属中的若干树种、全属树种、数属树种或全科树种。

（4）标准名称

标准名称是经过国家有关行业或全国标准管理单位授权制定和颁布实施的木材名称。我国已经颁发实施了国家标准 GB/T 16734—1997《中国主要木材名称》，GB/T 18513—2001《中国主要进口木材名称》。若表板采用国产材，应按 GB/T 16737—1997《中国主要木材名称》中的标准名称标识。若表板采用进口材，应按 GB/T 18513—2001《中国主要进口木材名称》中的标准名称标识。

10. 木材具有哪些物理性质？哪些指标直接影响地板质量？

木材的物理性质是指既不改变木材化学成分，又不破坏木材的完整性而表现出来的性质，它包括密度、干缩、湿胀和木材与水、热、电、声、光波等物理现象发生关系时所表现出来的性能。其中干缩和湿胀两项性能指标直接影响地板质量，因此研究它能使加工的木地板既能达到技术要求，又能合理利用和节约木材。

11. 何谓木材的密度？木材的密度有几种表示方法？地板标识的密度是指哪些密度？

木材的密度是指单位体积木材的质量。通常以 g/cm^3 或 kg/m^3 表示木材密度，与木材的力学性质、硬度、耐磨性及发热值等都有密切关系。木材的密度又称容重。它是木材质量与体积之比，其表达公式为：

$$\rho = m/V \tag{1-1}$$

式中　ρ——木材的密度，g/cm^3 或 kg/m^3；

m——木材的质量，g 或 kg；

V——木材的体积，cm^3 或 m^3。

因为木材的体积和质量都是随含水率的变化而改变的，因此木材的密度、相对木材密度均应加注测试时的含水率。如绝干状态、气干状态、生材状态的密度，分别称为绝干密度、气干密度、生材密度。

在地板加工和使用过程中常用的密度为基本密度和气干密度。

12. 何谓基本密度？地板生产和选材时有何用途？

基本密度，它是绝干材质量与生材的体积之比。所谓生材就是新伐的木材，此时的木材含水率极高，在35%以上，而绝干材其含水率却是最小的，虽然两者不能同时存在，但是两者的数值是固定不变的，所以基本密度得出的数值最固定，也最能反映该树种材性特征的密度指标。

因此，基本密度大小可以用来比较各种木材材种的性能。其密度越大，强度也就越大，但加工相对困难。

13. 何谓气干密度？其对三层实木复合地板表板选择有何影响？

气干密度指的是木材含水率在12%时的密度，在木地板生产中应用极为广泛。自国家推出天然林保护工程后，三层实木复合地板表板采用的木材有70%以上都是进口材。为规范市场，国家于2001年推出了国家标准GB/T 18513—2001《中国主要进口木材名称》，为了便于掌握和比较进口材的质量，在标准中明确标出了各类木材的气干密度值。通过气干密度值，对制定干燥基准等工艺起到积极参考作用。

14. 木材置放于潮湿环境中对木材的密度有何影响？

木材的密度是随含水率的增减而增减。其原因是树木在生长期时，是从地下吸收大量的水分满足生长时需要的养分，经光合作用生长成树木。所以，在木材的细胞壁和细胞腔中都充满着水分，虽经干燥可将水分蒸发，但长期存放于潮湿环境中又会吸入水分增加木材质量，所以木材密度是随含水率增加而增大。

15. 木材具有哪些化学成分？木材的化学成分对木材性质有何影响？

木材的化学成分通常分为两大类，即主要组分与浸提成分。主要组分是构成木材细胞壁和胞间层的化学成分，包括纤维素、半纤维素和木质素，其总量达到木材90%以上；浸提成分为次要成分或少量成分，大多数存在于细胞腔内，有时也存在于细胞壁内，一般浸提成分只占10%以下。

木材化学成分是影响木材材性和利用的重要因素。木材中纤维链分子中游离羟基使木材具有一定的吸湿性。而木质素存在于木材细胞壁之间的空间中，因此木质素占量越大，木材尺寸稳定性越好。也就是，加工成的木地板尺寸稳定性好。

木材浸提物多数可以视为木材的天然填充剂，存在于木材细胞腔中，常将木材组织中的空隙填实，因而就减少了木材干缩的附着力。

木材浸提物通常见到的有酚类、单宁和黄酮类。如柚木含有单宁，因此尺寸稳定性好。

16. 加工成三层实木复合地板时，为什么首先对每层板材要进行干燥？

三层实木复合地板虽然每层板材的材种不一样，但都是木材，而无论哪种木材，它的共同的特征是毛细胞管多孔的材料，在树木生长过程中都吸收大量的水分储存在木材细胞壁的孔隙中，而这些水分随着环境干湿度变化，就会逸出或吸入，促使木材干缩或膨胀，造成板材尺寸不稳定，因此必须在三层板材组合前分别先干燥，使其达到或小于当地平衡含水率值，才能组合热压。

17. 水分存在于木材中有几种状态？哪一种状态在干燥时容易脱水蒸发？

刚伐倒的树木从伐口会流出水来；日常生活中用木材烧火时，可见一头燃烧，另一头却向外冒水，这都说明木材中含有水分。

根据木材结构不同，木材中水的存在状态可分为三种即：自由水、吸着水（亦称附着水）和化合水。

以游离状态存在于木材细胞的细胞腔、细胞间隙和细胞壁的纹孔腔内的水叫自由水，也称为游离水或毛细管水。其在木材中含水率为最高，一般约为60%～70%。

吸着水（附着水）呈吸附状态，存在于细胞壁的微细纤维之间。其含水率在木材中只占20%以下。

化合水指与细胞壁物质组成化学结合状态的水。其数量少，呈化学结合，因此它不属于物理性质的范畴。

木材在干燥过程中，以上三种水分存在状态，自由水最易逸出蒸发。

18. 木材中水分有几种表示方法？用何值表示？

木材中水分的质量和木材自身质量之比值用百分率来表示，称为木材的含水量，但是在学术中或计算测试中皆以含水率来表示，即以木材的质量的百分率来计算，其表示方法有相对含水率、绝对含水率、平衡含水率。

19. 何谓木材的绝对含水率？其计算方法？

木材的绝对含水率就是木材中水分的质量与木材绝干质量的比值（用百分率来表示）。其计算方法如下：

$$W=\frac{m-m_1}{m_1}\times 100 \tag{1-2}$$

式中 W——绝对含水率，%；

m——湿材质量，g；

m_1——绝干材质量，g。

20. 何谓木材的相对含水率？其计算方法？

木材的相对含水率是木材中水分的质量与湿木材质量的比值（用百分率表示）。其计算方法如下：

$$W_1 = \frac{m - m_1}{m} \times 100 \tag{1-3}$$

式中　W_1——相对含水率，%；

m——湿材质量，g；

m_1——绝干材质量，g。

21. 何谓平衡含水率？为什么加工成地板时其含水率值都要达到当地平衡含水率？

木材长期暴露在一定温度和相对湿度的空气中，最终会达到相对恒定的含水率，即蒸发水分和吸收水分的速度相等，此时木材所具有的含水率称平衡含水率。

我国地域辽阔，各地方的气候条件都不相同，也就是湿度相差甚大，如新疆维吾尔自治区的平衡含水率仅10%，而海南省的平衡含水率高达17.6%。若木地板的含水率不与当地含水率相平衡，其后果是运到西北地区的木地板将会收缩变形，运到南方的木地板会产生膨胀变形，导致地板尺寸不稳定而产生开裂翘曲等后果。因此，必须了解当地含水率，也就是说运往哪个城市的木地板，其含水率必须与该地方平衡含水率相适应。

22. 木地板的含水率值如何检测？常用哪种方法检测？

木地板的含水率值测定方法有两大类：一类是质量法；另一类是电测法。质量法测定值精确，常用于科研；电测法特点是简便迅速，不破坏试件，但能测定木材的深度较浅，测定的含水率范围较小，精度较低，且仅用于胶合板、单板及纤维板、木地板等产品的含水率测定。

23. 如何用质量法测定木材的含水率？

质量法测定木地板的含水率是地板坯料在干燥中为制定干燥工艺基准或实验室做科研检测含水率时最通常的方法。

首先将试样制作好后进行称量（精确到0.001g），然后放入烘箱烘烤，调整到（103±2)℃烘干，烘软材6h称量，烘硬材10h第一次试称，以后每隔2h称量，至最后两次质量之差不超过0.002g即已达到绝干重，干燥结束。将试样放入玻璃干燥器内冷却至室温，然后取出试样称其质量，即为绝干重。测出值代入上述19题式（1-2)，即可得含水率值。

质量法测定的含水率值数据可靠，准确度至0.01，缺点是烘干试样时间较长。

24. 如何用电测法测定木地板含水率？为什么在木地板市场流通中通常用此法？

电测法是根据木材含水率与电学性质的关系设计的电测水分计进行测定，其方法是在测定仪器的表面刻盘上直接显示出含水率的数值。

目前此种方法在市场上有两种：一类含水率测定仪是用金属插针直接插入木材表面；另一种含水率测定仪是将仪表直接放在木地板表面就可显示该块木地板的含水率。

两种仪器比较，后者简便，而且不破坏木地板表面，其渗透力可达2cm，因此精度也够，所以市场应用较为广泛。

25. 每个城市的平衡含水率值是否相等？如何查阅其值？

确定我国各个省（区）、直辖市木材平衡含水率值可查阅附录13“我国各省市（区）、直辖市木材平衡含水率值”，若遇到直辖市以外的其他城市可参阅附录14“我国160个主要城市木材平衡含水率气象值”，若所遇城市在附录13和附录14中都查不到，可采用干湿球温度计测试到当地的干球温度值及湿球温度计差值，并通过两个值及附录17“湿度表”，查得当地的平衡含水率值。

26. 木材具有哪些特点？

树木是天然生长的有机体，树木被砍伐后，剥去树皮就成为木材，它与金属和其他材料相比有如下优缺点。

1）木材的优点：

（1）木材具有天然的色泽和美丽的花纹，极容易着色和油漆。

（2）木材具有较高的强重比。

（3）木材具有绝缘性。

（4）木材易于连接（可采用胶或钉）。

（5）树木可用人工培育，使其不断生长，取之不尽，用之不竭。

2）木材的缺点：

（1）木材具有吸湿性，随季节变化和环境干湿度变化，造成木材膨胀和收缩，这种性质使得木材原来的形状和尺寸发生变化，导致开裂翘曲。

（2）木材易受生物菌类腐蚀而产生腐朽、变色，降低木地板的价值。

（3）木材具有各向异性，组织不均匀。所谓各向异性，就是其材性在各个部位不相同。

木材虽然有以上缺点，但是随着科学技术进步，可以通过各种措施减少甚至消除木材的缺点，如采取人工干燥使木材加工成的木地板尺寸稳定性好，通过防腐技术可以使木地板防腐等。

27. 木材的力学性能包括哪些？为达到三层实木复合地板使用要求，木材应具有哪些力学性能？

对木材进行锯、刨、铣、砂等机械设备加工后，制成三层实木复合地板。

根据木材承受力的不同情况，木材的力学性能可分为四类：

（1）强度：强度是抵抗外部机械力破坏的能力。

（2）硬度：硬度是抵抗其他刚性物体压入的能力。

（3）刚性：刚性是抵抗外部机械力造成尺寸和形状变化的能力。

（4）韧性：韧性是木材吸收能量和抵抗反复冲击载荷，或抵抗超过比例极限的短期应力的能力。

这些力学性能都与三层实木复合地板的强度有关联，主要的力学性能详见附录中的国标。

28. 何谓木材纤维饱和点？它在三层实木复合地板加工过程中有何实用价值？

湿材存放在空气中会逐渐变干，木材在潮湿空气中会吸收水分。湿材在干燥过程中最先跑出来的水是细胞腔和细胞间隙中的自由水。其原因：一是自由水在表面；二是大毛细管对自由水的束缚力小。在大气条件下，当自由水蒸发完毕后，细胞壁中的吸着水还处于饱和状态时，此时的含水率状态称为纤维饱和点。一般木材的纤维饱和点在常温下为23%～33%之间，通常为30%。

木材的纤维饱和点是木材各类性质的转折点，所以它是非常重要的特性，并会直接影响地板坯料的尺寸变化和强度的变化。现从以下两个方面来加以阐明。

（1）尺寸变化

地板坯料在纤维饱和点以上时，自由水以蒸发为主，木材的外形尺寸并不发生变化，就像木桶中存满水时，桶中的水不先蒸发完，木桶是不会发生收缩而造成泄漏的。当含水率在纤维饱和点时，即30%时，地板坯料外形不会发生变化；当含水率小于30%时，坯料收缩随之尺寸变小。

（2）力学强度

地板坯料的力学强度，依赖于细胞壁的密实程度。在纤维饱和点以上时，含水率的增减只是胞腔中自由水的变更，细胞壁的密实程度不发生变化，所以力学强度也不变。

当含水率低于纤维饱和点时，因细胞壁的吸着水蒸发，所以胞壁变密实，强度就增加。

从以上论述可见在木地板加工过程中，纤维饱和点为木地板坯料材性的转折点。

29. 木材在干燥时与哪几个因素有关？

木材干燥是保证三层实木复合地板质量的至关重要因素。干燥的方法虽然多种多样，但无论哪一种干燥方法都与温度、湿度与通过材面的气流速度有关。而内部因素是与材种、厚度和木材本身的含水率有关。

根据上述内部因素和外部因素，就能制定出合理的干燥基准工艺保证干燥质量。

30. 为什么三层实木复合地板每层木板料干燥到要求值后，还要进行终了处理？

三层实木复合地板表板虽然已经通过干燥窑干燥，无论其板材横断面的含水率分布是否均匀，其内部都有不同程度的残余干燥应力存在。为了释放和消除这一部分残余应力，必须进行调湿处理，这种处理就叫做终了处理。因此为了保证表板的质量，必须进行终了处理。

终了处理结束后，待窑内温度不高于环境大气温度时方可出窑。

31. 何谓木材干缩？常用何参数确定其值？

木材的含水率在周围气候条件的影响下，不断发生变化。随着木材的吸着水逐渐减少(也称解吸)，木材的尺寸和体积就缩小，称为干缩。木材的干缩常用全干缩率 y_{max} 来表示，通常以百分率（%）计。

$$y_{max} = (a_{max} - a_0) / a_{max} \tag{1-4}$$

式中　a_{max}——生材或湿材的尺寸或体积，mm 或 mm^3；

a_0——绝干材的尺寸或体积，mm 或 mm^3；

y_{max}——全干缩率，%。

上述 a_{max} 和 a_0 的尺寸或体积单位应一致。

若计算某一含水率区段内的全干缩率 $y_{M1,2}$。其计算公式为：

$$y_{M1,2} = (a_1 - a_2)/a_1 \tag{1-5}$$

式中　a_1——含水率为 M_1 时的尺寸或体积，mm 或 mm^3；

a_2——含水率为 M_2 时的尺寸或体积，mm 或 mm^3。

上述 a_1 和 a_2 的尺寸或体积单位应一致。

32. 木材各方向干缩是否相同？哪个方向最大？

木材的干缩在三个方向上干缩程度是不一样的，从湿材到绝干做实验得到的数据是：木材纵向的全干缩率为0.1%～0.3%；径向全干缩率为3%～6%；弦向全干缩率为6%～12%。因此三个方向干缩大小顺序为弦向、径向和纵向，即弦向干缩为最大、纵向干缩为最小。

33. 何谓干缩系数？干缩系数在地板加工和铺设中有何作用？

干缩系数为木材的干缩率和引起该干缩率的含水率差之比值。也可以这样说，吸着水每变化1%时全干缩率的变化值，称为干缩系数K。其计算式如下：

$$K = y_{M1,2}/(M_1 - M_2) \tag{1-6}$$

式中 $y_{M1,2}$——某一含水率区段内的全干缩率，%；

M_1、M_2——分别是木材初和终含水率，%；

K——干缩系数。

从上述（28）题中可知，木材干缩起点为纤维饱和点，一般以30%计算；若木材初含水率M_1超过30%时，仍以30%计算，利用干缩系数可算出纤维饱和点以下任何含水率时木材的干缩数值。

$$y_M = K(30 - M) \times 100$$

从上式可计算出木材干缩率。我们在生产加工时，就可以从干缩率计算出从地板坯料到生产成品时应留的余量，即干缩量加消耗量。在铺设木地板时，缝隙与伸缩缝留的大小也可通过计算得出。

34. 何谓木材膨胀？衡量木材膨胀采用何值？

木材吸收水分，引起木材尺寸和体积增大，称为木材膨胀。

木材湿胀的大小用湿胀率（膨胀率）表示，即绝干材尺寸和在空气中润湿到纤维饱和点含水率时尺寸的差值，或在水中润湿到尺寸达到稳定不变时的尺寸的差值与绝干材尺寸的百分比，即：

$$p_1 = \frac{a_1 - a}{a} \times 100 \tag{1-7}$$

式中 p_1——膨胀率，%；

a_1——湿材试样的尺寸或体积，mm或mm^3；

a——烘干后试样的尺寸或体积，mm或mm^3。

通常木材在水中的膨胀纵向最小、弦向最大，弦向为径向的两倍。

35. 在制作三层实木复合地板时，如何减少地板表板干缩和湿胀？

减少三层实木复合地板干缩和湿胀的方法有如下几种：

（1）高温干燥

高温能使纤维素中亲水的氢基减少，使半纤维素分解，从而减低吸湿性，达到稳定尺寸的目的。有的企业除一般干燥外，还进行木材炭化处理。

（2）利用化学药剂或油漆、树脂等进行表面处理

通过处理可阻碍水分的渗入，从而使纤维表面被包围起来，以阻止水分渗入或逸出。

（3）利用木材本身的异向性

在锯切板材时，尽量多出径切板。这样就可以使其宽度方向干缩，湿胀可以减半。

(4) 改变木材的异向型

改变木材的排列结构。木地板制成复合地板，如三层实木复合地板就是利用纹理或纤维方向的交错，干缩时相互制约，减少干缩现象出现，并使材性更趋于均匀。

36. 何谓天然缺陷？哪些天然缺陷在地板表面不允许出现？哪些缺陷允许显现在板表面？

天然缺陷是木材在生长过程中，由于生长和环境等因素而使木材在其内部所产生的缺陷。

木材常见天然缺陷，有节子、树瘤、夹皮、树脂道、腐朽、变色、裂缝、乱纹、斜纹、髓心、虫眼等。

上述木材天然缺陷在国家标准中有的允许存在，有的不允许存在。

允许存在：

(1) 活节

节子中有活节与死节。活节就是节子与周围木材有机地连接，构造正常，质地坚硬。因此活节允许存在。

(2) 树瘤

树瘤因生理或病理出现，它使树干局部膨大，呈不同形状的鼓包，锯切时能形成美丽花纹，但加工难度大。它可用于工艺品中作装饰用。

(3) 斜纹、乱纹

指木材纤维呈交错、倾斜或呈杂乱排列，使木材加工困难，但形成美丽的花纹。

(4) 变色

变色是木材正常的颜色发生了改变，可分为真菌性变色和化学变色，其中化学变色是允许的，因为木材由于化学或生物化学的反应而引起不正常变色，其颜色一般比较均匀。除了上述提到外，其他缺陷都不允许在表板上出现。

37. 何谓养生？三层实木复合地板每层板料是否要养生？为什么？

养生是指木材经过人工干燥和终了处理后，将木材置于室内恒定的大气温度和湿度中，存放一定的时间后，再进入下一道工序进行加工，存放期间的时间称为养生时间，这样的过程称为养生期。

三层实木复合地板的三层板材虽经过干燥，又经过终了处理，但是材料的剩余的残余应力还没有全部释放出来，在加工过程中或在地板进入客户家铺设后还会释放出来，若此时释放将会成为造成地板质量事故的重要原因，因此为减少地板质量事故必须进行养生。

38. 地板板料养生期如何确定？

因为地板板料养生期与材种、板料的厚度、干燥均匀性等诸多因素有关。因此不可能有一个固定的模式和参考值，所以必须通过企业长期的经验摸索和对材料做试验来确定。其试验的方法如下：

(1) 取3～4块地板做试验。

(2) 在试验板的宽度方向取三个点，其位置是两端点和中心点，其三个点距离端头为50cm。

（3）分别在试验板上的三个点用彩笔划三条平行线，并测出三条平行线的间距，记录在表格中。

（4）进入养生期后，每天测三条线间距。

（5）依次进行，当地板板料尺寸连续两天量出的尺寸一直保持不变，说明此时应力已释放。

（6）养生时间确定，养生之日开始到尺寸不变之间的天数，即为养生时间。

39. 三层实木复合地板的面板材质有何要求？常用的材种有哪些？

三层实木复合地板的面板皆采用坚硬的珍贵木材，其表面应具有天然触感和质感，与实木地板的质感无异，除此之外还要求材性稳定。因此通常采用材性稳定、材质坚硬、强度较高、具有装饰效果的阔叶树材。

市场上常见的材种有，柚木、印茄木、柞木、麻栎、石梓、核桃木、香樟、黑胡桃、樱桃木、水曲柳、桃花心木、白蜡木、桦木、榉木、筒状非洲楝、枫木……

40. 三层实木复合地板的芯板材质应具有哪些特点？常采用哪几种木材？

三层实木复合地板的芯板是置放在面板和背板之间，是促使三层实木复合地板既有舒适脚感，又能保证三层实木复合地板厚度与尺寸稳定性，而且它又不需要装饰性。所以三层实木复合地板的芯板，采用可持续发展的针叶树材和速生材，如松木、杨木等材质较松软的木材作为芯板。

第二篇　三层实木复合地板营销

第一节　三层实木复合地板基本知识

1. 目前市场上销售的木地板有几大类？为什么三层实木复合地板越来越受到消费者青睐？

目前市场上销售的木地板有五大类。

（1）实木地板

实木地板在市场上销售的有：

① 平扣实木地板　外形为长方形、四面光滑、直边、生产工艺简单。

② 企扣实木地板　板面呈长方形，四周有榫和槽，生产工艺较复杂。

③ 指接地板　由等宽、等厚、不等长的小木块，纵向锯切成齿形胶接，四周开榫槽。其特点是自然美观，变形小。

④ 集成地板　由等长、等厚、不等宽的小木块，横向用拼接，四周开榫槽。这种地板幅面大，互相牵制，材性稳定，不易变形。

（2）强化木地板

强化木地板由表面三氧化二铝耐磨层、装饰层、高密度板、防潮层胶合而成的板材，锯切成条，四周开榫槽。该地板特点耐磨，安装简便、快捷，尺寸稳定性好。

（3）实木复合地板

① 三层实木复合地板　由不同树种的板材交错层压而成。该地板特点保留了实木地板舒适的脚感，铺装方便、尺寸稳定性好，但生产工艺较为复杂。

② 多层实木复合地板　以多层胶合板为基材，在其上覆贴珍贵木材薄板进行装饰，特点与三层实木复合地板基本相同。

（4）竹材地板

竹材地板由多层竹片纵向层压而成。该地板较木材比重大，特点是典雅、凉感、耐磨。

（5）软木地板

以栓皮栎树的树皮为原料，经过粉碎、层压而成。该种地板脚感软、弹性好、耐磨、隔声好，但不适宜做地热地板。

上述五类木地板各有特点。近几年来实木复合地板增长速度较快，其原因是实木复合地板与其他地板相比，既有实木地板舒适的脚感，又具有优于实木地板的优点，尺寸稳定性好、价格适中，因此逐渐被消费者所接受，而其中三层实木复合地板从国外引进时价格昂贵。现随着国产化后，价格已能被消费者所接受，而且其表层板厚，经久耐用，所以三层实木复合地板的销量呈上升趋势。

2. 何谓三层实木复合地板？其具有哪些特点？

三层实木复合地板是由不同树种的板材交错层压而成。其表层是实木，为优质阔叶树材条镶拼装而成，或采用独幅的板材，树种多用栎木、枫木、山毛榉、水曲柳、印茄木、柚木等；芯层（中间层）是杂木板拼合，树种多数用松木、杨木等；底层也是杂木层。因此三层实木复合地板的特点，是不仅保留了实木地板妙趣横生的自然而美丽的木纹和自然特性保温，尺寸稳定性好，又充分利用资源。

3. 三层实木复合地板为什么具有尺寸稳定性好的特点?

木材是由为数极多的各种细胞组成，每一个细胞都具有细胞壁和细胞腔，而细胞壁和细胞腔又由于木材结构各组成了两条毛细管通道可以吸入和逸出水分，因此为使三层实木复合地板尺寸稳定，在生产时采用了两个方案进行改进：

(1) 板材干燥

三层实木复合地板的每层板干燥到平衡含水率值通常为5%～10%，表板与背板的含水率大于5%，而芯板含水率值稍高于表板与背板，小于10%。

(2) 改变木材结构排列

三层实木复合地板的表板与芯板、背板三者都是纵横交错排列，因此使其内应力互相牵制，这样就使木材应力变化的不均匀性受到限制而达到尺寸稳定性。

采用了上述两项措施，故三层实木复合地板具有尺寸稳定性好的特点。

4. 三层实木复合地板能否铺设于地热系统?

适宜铺设于地热系统的三层实木复合木地板必须具备以下要求：

(1) 甲醛释放量在地表温度达标标准条件下，甲醛释放量应符合国家标准，小于1.5mg/L以下。

(2) 在地热系统铺设的木地板具有尺寸稳定。

(3) 漆面不受温度烘烤而剥离和开裂。

若具备上述三个条件的三层实木复合木地板就可铺设于地热系统。①由于采用了纵横交错排列的木板结构，所以克服了实木地板易受环境干、湿度变化，导致尺寸不稳定的缺点。②三层实木复合地板知名的品牌都采用E_0级或F****胶，所以加工而成的三层实木复合地板的甲醛释放量远远低于1.5mg/L。③由于三层实木复合地板采用优质的UV光固化涂料，因此在一定温度下漆膜附着力等项指标都能达标。

除了上述三项技术指标能达到外，因三层实木复合地板的芯层（中心层）采用的是松软针叶树材，其材质疏松，因此其传热性更优于实木地板。

5. 三层实木地板能否用作体育场馆?

在馆内进行篮球、排球、乒乓球、体操等竞赛、健身使用的场所，称为体育场馆。该场馆内铺设的木地板必须达到体育场馆具有功能性能即，①弹性好（即有反弹的高度）。②符合滑动摩擦要求，既能保证运动的稳定性，同时又能保证运动员原地转动不受任何阻碍。③能承受冲击吸收又不会产生凹形变形。④甲醛释放＜1.5mg/L以下。⑤尺寸稳定性好。

上述的要求在三层实木复合地板的特点和要求中已叙述，它本身就具有铺设体育场所的特性，所以三层实木复合地板允许铺设在体育场馆，与多层实木地板相比，其磨耗性更持久；与实木地板相比，尺寸稳定性好。

6. 如何选购三层实木复合地板?

随着人民生活水平提高，人们越来越青睐于舒适、时尚、简洁、耐用的装饰材料，而三层实木复合地板符合消费者追求的心理。因此，三层实木复合地板越来越受到消费者的喜爱。其如何选购也是消费者所关心的问题。其选购时应注意以下几方面：

(一) 外观质量

对三层实木复合地板选择要观其表面

(1) 表面板材不允 许有任何明显的缺陷，如腐朽、虫孔、明显的裂缝等。

(2) 表面漆膜涂刷光泽均匀，漆膜饱满，无针孔，压痕。

(3) 周边榫槽完整。

(二) 产品加工精度

产品的榫槽尺寸拼接是否严密平整。此项可以通过拆包抽查多块地板，把其放在平整的地面上进行拼装并用手摸。

(三) 内在质量

内在质量是三层实木复合地板的关键指标，但是我们难以直观确定，此项必须有检测机构完成。所以消费者只能观其权威部门的检测机构的检测报告，其内容如下：

(1) 甲醛释放量

凡使用脲醛树脂胶胶合的三层实木复合地板都必须要符合国家标准，即甲醛释放限量≤E_1 级，其值为 1.5mg/L。

(2) 胶合性能

三层实木复合地板的三层都是用胶合热压而成。因此胶合质量直接影响地板使用寿命。

胶合质量可以通过检测两项性能指标反映其胶合质量强度即浸渍剥离与胶合强度。浸渍剥离值应越低越好，而胶合强度则相反，值应越高越好，但是木地板只要达到这两项标准值，就符合使用条件。

(3) 弹性模量和静曲强度

弹性模模量是反映复合地板力学性能最本质的综合性能指标，其值应达到标准值。

静曲强度是反映地板抵抗弯曲破坏的能力，其值应达到标准值。

7. 三层实木复合地板如何分类？

三层实木复合地板按国家标准 GB/T 18103—2013《实木复合地板》分类可分为：

1) 按三层实木复合地板的面层分

(1) 三层实木复合地板的表板是实木拼板作为面层。

(2) 三层实木复合地板的表板是单板作为面层。

2) 按表面有无涂饰分

(1) 涂饰三层实木复合地板。

(2) 未涂饰三层实木复合地板。

3) 按甲醛释放量分

8. 三层实木复合地板用旧了，能否翻新？为什么？

三层实木复合地板用旧了能翻新。因为三层实木复合地板厚度通常为 14～15mm，而其表板的厚度有 3.5mm 或 4mm，所以砂去 0.5mm 的表层也不影响其美观和使用。

9. 三层实木复合地板为什么脚感舒适？

三层实木复合地板为什么脚感舒适，是因为三层实木复合地板的结构所决定的。其结构表板采用材质坚硬的阔叶树材，其木材的气干密度均在 0.6g/m^3 以上，而中心层采用材质轻而软的针叶树材与速生材，如杨木、松木、泡桐、杉木、桦木等，厚度为 8mm 或 9mm，其密度极大部分在 0.4g/m^3 以下，背板也采用该材。因此它既有能承受重量和耐磨的表层又有能承受压力的软材含在芯层中，所以其脚感不仅能与实木地板相媲美，而且更为舒适。

10. 三层实木复合地板按标准应如何标识?

三层实木复合地板置于专卖店时，既要标识、价格、型号、等级、规格，更要标识产品树种。

三层实木复合地板虽然采用两个种类不同的树种，其树种标识却是根据表板的树种名，而树种名的称谓必须依据国家标准 GB/T 16734—1997《中国主要木材名称》标准中书写的中文名为正确用名。若遇到木材供应商或木材进口商定的树种名与标准上的名称有差异时，也应依照国家标准 GB/T 18513—2001《中国主要进口木材名称》上书写的名称为准；反之，则将遭到欺骗消费者为名，受到双倍罚款。

11. 为什么说三层实木复合地板是符合国情持续发展的"朝阳地板"?

随着世界各国森林保护政策的纷纷出台，适用于传统的实木地板用材的珍贵材越来越稀少，但人们在家居装饰中越来越追求返璞归真、崇尚自然，因此木质地板在地面装饰中占的比例越来越高，为满足人们的需要，三层实木复合地板是最好的选择。因为

(1) 三层实木复合地板的结构表板是珍贵材，厚度为3.5mm或4mm，因此它的结构是充分合理有效地运用珍贵材。

(2) 表板厚度3.5mm或4mm，其厚度又能保证消费者翻新的需求，又可采用不同树种与不同色泽，便于消费者选择，符合消费个性化的需求。

(3) 芯层（中心层）板皆可采用速生树材，如杨木、泡桐或针叶材松木，而速生材的使用是国家鼓励使用，既符合国情又增加脚感舒适。

(4) 三层实木复合地板是三层交错排列，牵制了内应力变化，使地板尺寸稳定性好。

(5) 芯材采用速生树材或软质针叶树材，降低了造价，使三层实木复合地板的价格更为合理，更易被消费者接受。

(6) 三层实木复合地板知名品牌的胶都在 E_0 以下，有的还采用 F **** 级胶，因此是绿色环保产品。

鉴于上述几点，所以三层实木复合地板既是符合国情，符合森林保护政策，又是保证消费者对产品的需求，所以它是符合持续发展政策的"朝阳地板"。

12. 何谓浸渍剥离？按国家标准其值是多少?

三层实木复合地板是由三层单板涂胶后热压而成的，为此三层实木复合地板置于大气中受环境干湿度的影响，给胶层以应力，使板材胶层是否发生剥离及其剥离的程度，称为浸渍剥离。其值按国家标准 GB/T 18103—2013《实木复合地板》规定的任一边的任一胶层开胶的累计长度不超过该胶层长度的$\frac{1}{3}$。

13. 国家标准中为什么要定浸渍剥离值?

浸渍剥离值的多少，说明该产品胶合强度的好坏。

三层实木复合地板是由三层单板涂胶热压而成，因此它能承受抗压抗弯的应力变化。三层单板只有组合在一起才能承受，假如三层板脱胶分层超过一定值时，其防潮性与强度将会降低，导致地板寿命缩短，所以胶合强度及浸渍剥离值对三层实木复合地板的使用寿命至关

重要。

14. 何谓三层实木复合地板的弹性模量？国家标准值多少？

三层实木复合地板的弹性模量，是指三层实木复合地板受力弯曲时，在比例极限内应力与应变之比，通俗地说就是三层实木复合地板受力弯曲，当其载荷解除后能恢复原形状称为弹性模量。弹性模量越大，表示三层实木复合地板的坚韧性也越大；反之，则地板柔软。国家标准 GB/T 18103—2013《实木复合地板》中规定的值是≥4000MPa。

15. 何谓三层实木复合地板的静曲强度？国家标准允许值是多少？

三层实木复合地板的静曲强度是指三层实木复合地板承受施加弯曲荷载的最大能力。国家标准 GB/T 18103—2013《实木复合地板》中规定值是≥30MPa。

16. 目前我国三层实木复合地板在选购中出现哪些误区？

随着人民生活水平提高和绿色环保意识的增强，又经过实践应用，人们对三层实木复合地板的需求意识越来越增强，与此同时，也出现一些消费误区：

误区之一　追求表板越厚越好

三层实木复合地板的面板国家标准规定 3.5mm、4mm，此厚度经过反复实践使用是既经济，又符合消费者反复拆装或翻旧为新的实践，是最合理的厚度，因此选择该面层厚度既符合生产工艺达到最佳质量要求。所以不应片面追求面层厚度。

误区之二　过分挑剔表层面板色差，追求纹理一致

三层实木复合地板的表层面板是采用天然的珍贵木材，树木由于植树的地区，阳光照射的角度，气候的温湿度不同，其同一棵树砍伐下来，成木材的每一部位颜色也不同，木材纹理也不同，因此每一块木地板与另一块地板颜色一致是不可能的，若真是一致，就必须人工加色，这样的结果反而失去了木材的真实性，失去了天然的属性。因此挑选实木复合地板时，没有必要过分追求颜色一致。

误区之三　认为三层实木复合地板甲醛释放量大，不环保。事实上三层实木复合地板是木地板生产工艺中难度较大的一种地板，科技含量较高，因此在选择胶的种类也是有较高的要求，既要胶合强度高又要甲醛释放量低的胶才使用于三层实木复合地板，生产知名品牌的三层实木复合地板极大部分使用的胶远低于国家标准 E_1 级的释放标准，所以它是环保的。

误区之四　认为三层实木复合地板是复合型的地板，其性能低于实木地板。其实三层实木复合地板三层交错结构是最合理的搭配，既改进了实木地板尺寸，又随着空气中干湿度变化，克服了尺寸变化大的缺点，同时又有实木地板舒适的脚感。

误区之五　过分追求名贵材种。市场上销售的三层实木复合地板的材种有几十种，令人眼花缭乱。不同材种价格差异很大，有的名贵材种性能却不稳定，所以并不是名贵材种性能就好。消费者选购时，一定要根据自己居室中装饰风格来选购相应的三层实木复合地板的材种。

误区之六　不重视铺设地板。

三层实木复合地板的铺设方法有多种，根据不同场合选择不同铺设方法。有的地板质量很好，但铺设不当却反而毁了地板，所以既要选购质量上乘的三层实木复合地板，又要选择有职业道德，经过职业培训的铺装工，才能获得最好的铺设效果。

17. 何谓阻燃三层实木复合地板？分为几个等级

三层实木复合地板表层经过阻燃处理，具有抑制、减缓或终止火焰传播功能的三层实木复合地板，称为阻燃三层实木复合地板。

按阻燃等级分为阻燃一级、阻燃二级两个等级，阻燃三层实木复合地板按照阻燃性能分为阻燃一级三层实木复合地板、阻燃二级三层实木复合地板。阻燃一级三层实木复合地板阻燃性能必须达到国家标准 GB 8624—2012《建筑材料及制品燃烧性能分级》中的 tI 级。

阻燃二级三层实木复合地板，其阻燃性能应达到国家标准 GB 8624—2012《建筑材料及制品燃烧性能分级》中规定的 CfI 级，烟毒性应达到国家标准 GB 8624—2012 中的 tI 级。

18. 铺设于体育场馆的三层实木复合地板，检验地板质量的理化性能指标是哪些？其值应达多少？

铺设于体育场馆的三层实木复合地板，检验地板质量的理化性能指标见表 2-1。

表 2-1　体育场馆铺三层实木复合地板理化性能指标

检疫项目	单　位	指标值
含水率	%	5～14
浸渍剥离		任一边的任一胶层开胶的累计长度不超过该胶层长度的 1/3，6 块试件中有 5 块试件合格即为合格
静曲强度	MPa	≥30
弹性模量	MPa	≥4000
表面耐磨	g/100r	≤0.15 且漆膜未磨透
表面耐污染		无污染痕迹
漆膜附着力		割痕交叉处允许有漆膜剥落，漆膜沿割痕允许有少量断续剥落
甲醛释放量		应符合 GB 18580 的要求

注：含水率是指三层实木复合地板产品未拆封和使用前的含水率。

19. 为什么铺设于地暖系统的三层实木复合地板的甲醛释放量，建议采用 E_0 级以下值？

根据国家标准规定，无论哪一种木地板（含三层实木复合地板）甲醛释放量值皆应达到 E_1 级，即 1.5mg/L，但从实验数据得到甲醛释放量随着温度升高而升高。三层实木复合地板铺设于地暖系统时，地板表面平均温度长期在 28～35℃的温度上烘烤，而根据实验得出的数据温度超过 30℃时，其甲醛释放量将会在原来基础上增加 1/3 左右。

如果铺于地暖系统的三层实木复合地板达到 E_1 级，则随着温度升高，其释放量将超过 E_1 级的值。所以为达到国家标准值与保证消费者健康，必须采用 E_0 级才能保证甲醛释放量的值达到国家标准规定的 E_1 值。

20. 有的企业采用 F★★★★ 级胶，压制而成的三层实木复合地板，其甲醛释放量是否达到国家标准规定的值？是否符合环保？是否可用于地暖系统铺设？

降低木质复合产品的甲醛释放量是每个木制品生产企业努力目标。最近，圣象集团生产的三层实木复合地板采用的 F★★★★ 级脲醛改性胶来满足消费者环保要求。

在国家标准 GB/T 18103—2013《实木复合地板》规定中，对甲醛释放量的标定采用的是 E_0、E_1 级两个等级而 F★★★★ 级在国标中无显示。

实际是 F★★★★ 按照日本建筑材料通用的工业标准，采用的是日本干燥器法进行测定，测定值为＜0.3mg/L，因此它虽然与国标的 E_0 级不能画等号，但其值甚至小于 E_0 级的值，所以若甲醛释放量是 F ☆☆☆☆ 级，应该是比国家标准值还低，所以从这一点可见，若甲醛释放量是 F ☆☆☆☆ 级值的三层实木复合地板，可以说是环保地板。

上述题介绍了地暖地板因长期受 30℃左右甚至以上的温度烘烤，根据实验表明甲醛释放量是随着温度升高而加大，而 F ☆☆☆☆ 级通过检测手段得出的值是＜0.3mg/L，因此 F ☆☆☆☆ 级甲醛释放量适宜做地热地板。

21. 三层实木复合地板因板较长，长度方向与宽度方向经常会出现翘曲是否允许？其值不超过多少定为合格产品？

三层实木复合地板因板较长，常出现两个方向弯曲即地板长度方向与宽度方向有翘曲度，只要不超过标准值，是允许的。国家标准 GB/T 18103—2013《实木复合地板》中有明确规定。

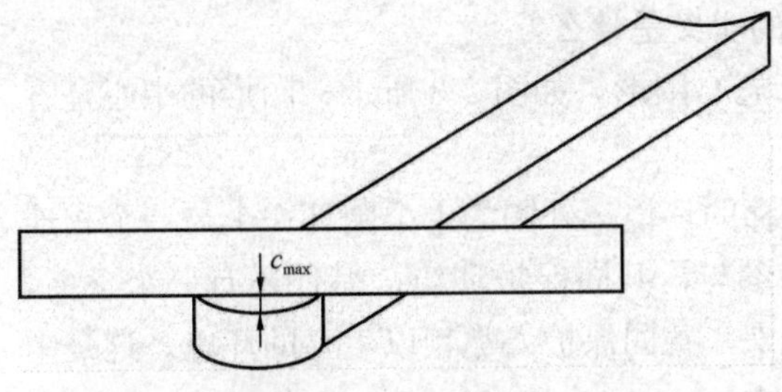

图 2-1　宽度方向翘曲度（f_w）测量图

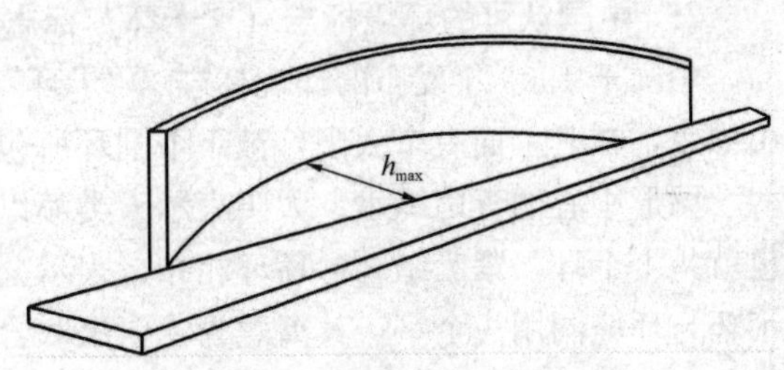

图 2-2　长度方向翘曲度（f_1）测量图

22. 三层实木复合地板的翘曲度如何进行测量？

（1）将地板凹面向上放置在水平试验台面上，将钢板尺紧靠地板两长边，用塞尺量取最大弦高（c_{max}），精确至 0.02mm。

（2）最大弦高（c_{max}）与实测宽度（w）之比即为宽度方向翘曲度 f_w，以百分数表示，精确至 0.01%，测量位置为长边任意对应部位，如图 2-1 所示。

（3）将地板沿长度方向侧立放置在水平试验台上，将钢板尺或细钢丝绳紧靠地板两端，用塞尺量取最大弦高（h_{max}），精确至 0.02mm。最大弦高（h_{max}）与实测长度（l）之比即为长度方向翘曲度 f_1，以百分数表示，精确至 0.01%，测量位置为端边任意对应部位，如图 2-2 所示。

23. 三层实木复合地板拼装有几种连接形式？各具有何特点？

目前市场上三层实木复合地板拼装连接有单企扣、双企扣、锁扣三种形式，其中销扣最紧密、其次双企扣、而后单企扣。

24. 被公认为绿色环保的三层实木复合地板，国内外用哪些标志向消费者显示？

木地板以其脚感舒适、自然温馨、冬暖夏凉、高贵典雅等突出的优点，成为人们地面装饰材料中首选材料，少数建材制造商为博得消费者眼球，大肆宣传无甲醛、无污染、环保先锋等漂亮的字眼来获取消费者的信赖。为此国家为保护消费者的利益，于 1993 年相继推出一些针对环保性建材产品和环境标志，这些环保标志的推出，使消费者能够一目了然地辨别产品的环保性是否有利于人体健康。目前在市场上环保标志被国家承认和国际承认的主要有两种：一种是由中国政府发布的“十环”标志，如图 2-3 所示；另一种是德国蓝天使标志，如图 2-4 所示。

图 2-3 “十环”标志

图 2-4 德国“蓝天使”标志

25. 中国认可的环境标志（“十环”标志）的含义是什么？

中国于1993年发布的环境标志（“十环”标志）图形，如图2-3所示，图形的中心是青山绿水，在其上面有个太阳，被十个圆环所包围。

图形中心的青山绿水、太阳表示人类赖以生存的环境。外围的十个圆环一个与一个相连也就是十个环，紧紧结合，环环相扣，表示公众参与，共同保护环境；另外还有一个含义，十环与环境同用一个字，其寓意为：全民联合起来，共同保护人类赖以生存的环境。这是中国唯一由政府所颁布向消费者明示的环保产品标志。

26. “蓝天使”标志由哪个国家推出？其标识的内容有哪些？

“蓝天使”的标志如图2-4所示，它是德国在1977年提出的。德国是第一个实行环境标志的国家。

德国的环境标志是以联合国环境规划署（UNEP）的“蓝天使”表示，“蓝天使”的图标上外圈与内圈之间写有字母表示weil……，中文含意是“因为……”外圈下面写有字母表示Jury Umweltzeichen，中文含意是“环境标志”。

德国自实施环境标志以来，已在各国获得认可，在国内也获得德国消费者的认可，根据德国民意调查显示100%的德国民众愿意购置标有“蓝天使”标志的产品，68%的消费者表示愿意付出更大代价来购置标有“蓝天使”标志的商品。因此也使一些积极推行环境标志的企业营业额也大为增加。

27. 三层实木复合地板是否符合低碳排放？

三层实木复合地板是三层复合压制而成。其板材皆为取自于森林资源的天然木材。

（1）与钢材、塑料、水泥三大建材相比，木材是唯一可再生的资源，在保护生态的条件下，可实现持续开发利用。

（2）木材的开发和生产加工，对能源的消耗远小于其他三种材料。

（3）三层实木复合地板表板采用珍贵材，芯板和背板采用速生材和软材，综合利用好，生产过程中可以实现“无废工艺”，即充分利用木材资源，小材可拼接、指接，即使三层实木复合地板被废弃后，也可回收或翻新，再循环使用，因此三层实木复合地板是绿色低碳生态产品。

28. 国际贸易壁垒中提的“双反”，其含义是什么？

随着中国地板行业的快速发展，中国企业已逐渐融入全球化经济的步伐中，中国地板的珍贵材料——阔叶材大部分来源于世界各地，中国已被公认为世界地板生产大国，中国的地板除了内销以外也销往欧洲各国与美国，以及其他国家。因此部分国家为保护自身的利益，纷纷提出中国在产品成本中有政府政策补助，地板应以低价销售给该国，以此抵制中国的地板或其他商品销往该国，其名目就是“反倾销、反补贴”，简称“双反”。

29. 国际贸易的壁垒中提出的“反倾销”，其实施条件是什么？

世贸组织制定了“反倾销协议”，协议中规定，只有符合下述三个条件的倾销，才能对某国家的产品实施反倾销制裁。

（1）一国产品以低于正常价格进入另一个国家的市场。所谓正常价格就是指：①相同产品在国内消费时正常情况下的比价；②正常交易情况下，向第三国出口时的最高可比价格；③原产国的生产成本加合理推销费和利润。但在具体议定过程中，由于各国所执行的会计制度不相同，所以对生产成本核算方法也不相同。这样在双方认定正常价格时就存在极大的偶然性和非科学性。

（2）倾销的产品对进口国相似产业造成实质损害或威胁，或对进口国某项新建产业产生严重阻损，但上述两点在实际操作时，如“实质损害”或“严重阻损”的界定比较模糊，对“损害”的确定极具主观性，因此差异引起很大争议。

（3）倾销与损害之间有直接的因果关系，但在具体操作过程中，因果关系的认定往往非常困难，其他因素导致的损害往往被忽略或故意不予考虑，反而过多考虑倾销对产业和市场所造成的损害，使得“反倾销”得以成立。

30. 简述三层实木复合地板的生产工艺。

三层实木复合地板的生产工艺由两部分组成：一部分是面板、芯板、底板胶合层压；另一部分是地板开榫槽。

（1）胶压复合工艺

组坯热压是三层实木复合地板的关键工序，加工质量的好坏直接影响到地板的质量和使用寿命，其生产工艺如下：

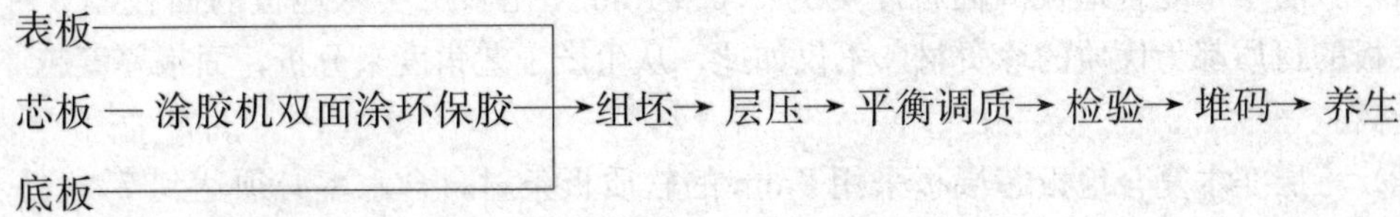

（2）地板加工工艺

胶压的三层实木复合板砂光（底面与表面）→涂饰→四面刨开纵向榫槽→双端铣开横向榫槽→喷码→检验分等→包装→入库

31. 三层实木复合地板加工前须进行哪些处理？为什么？

三层实木复合地板在加工前，必须进行原木或木方剖分和木材干燥两部分处理。

（1）原木或木方剖分

原木或木方加工成三层实木复合地板的表板或芯板时，都要通过带锯机和多片锯（小带锯）进行剖分。

（2）木材干燥

剖分后板材坯料都要进行干燥，因为木材的含水率过高会直接影响木材加工产品的稳定性，所以为了保证三层实木复合地板的质量，在进行胶压复合前每层的板料都要进行干燥窑干燥，保证达到每层板的含水率。木材干燥时，根据不同树种和初始含水率制定相应的干燥工艺，为使其坯料中内应力释放，还应进行养生处理。

32. 试述三层实木复合地板面板的生产工艺。

三层实木复合地板典雅大方、妙趣横生的木材纹理特点是由面板的木纹所决定的，所以三层实木复合地板面板的材种多采用优质的硬木板块，加工厚度为 3.5mm、4mm。其生产工艺流程如下：

干燥后的面板坯料→四面刨光→双端铣定长→多片锯剖分→面板分选→面板精截

33. 试述三层实木复合地板芯层的生产工艺。

三层实木复合地板芯层通常为 9mm 左右，使用的材种通常为软材或速生材，如松木、杨木、杉木等，对其要求为既是同一材种又要相同含水率，含水率为 7%～10%。其生产工艺如下：

干燥后的芯板毛坯料→多片锯剖分→组坯—（镶嵌线 / 不镶嵌线）—堆码

组坯时无论采用镶嵌线或不镶嵌线，板条与板条之间的间隙均不能大于 5mm，并且间隙要一致。

34. 试述三层实木复合地板底板的生产特点。

三层实木复合地板底板所用单板通常都采用旋切单板，其材质为速生材，如杨木、松木等，其含水率为 5%～7%，一般选用整张的优质单板，不允许有影响长度及宽度的缺角、腐朽、变形、树脂。

若板面出现严重翘曲波浪时，可以采用十字形画线作板面处理，以保证后期热压质量。

35. 为什么三层实木复合地板的生产成本远高于多层实木复合地板?

三层实木复合地板的生产成本高于多层实木复合地板的原因有以下几方面：

（1）三层实木复合地板的面板厚度为 3.5～4mm，比多层实木地板的面板厚 5～7 倍，而表层板的材质都为优质的珍贵材。不仅如此，从生产工艺角度来分析，面板厚度越厚，技术性越高。

（2）三层实木复合地板芯层板采用 9mm 的软质板条材，含水率必须达到 7%～10%进行组坯，而多层实木复合地板采用多层胶合板，工艺比较简单。

（3）三层实木复合地板的背板厚度也厚于多层实木复合地板背板厚度。

（4）三层实木复合地板虽然每层板的木纤维是垂直交错排列，但实际上因为面板与背板材种不一、厚度不一，所以其结构是不对称结构的。为保证热压过程减少应力，对每层板既要干燥，又要进行养生处理，加工结束后还要养生调质处理。

（5）三层实木复合地板的面板、芯板和背板全是锯切加工，材料损失大、出材率低、成品高。

鉴于上述几点原因，三层实木复合地板的工艺与设备投资都要高于多层实木复合地板，所以其生产成本也就高于多层实木复合地板。

第二节　市场营销基本知识

1. 导购员应具备哪些素质？

要成为一个优秀的导购员不是一朝一夕所能实现的梦想，而是需要不断地学习和实践，付出努力才能实现。

导购员的素质首先是本人诚实敬业、守时守信，而且对人热情大方，在专业方面概括起来必须具备两方面素质：

（一）业务素质

应具备如下几方面：

（1）企业知识　应了解企业历史、企业在同行中的地位，以及企业的规章制度、企业的交货与结算方式等企业的相关知识。

（2）产品知识　应懂得三层实木复合地板的生产工艺流程、产品特点、使用和保养知识，以及产品售后保证措施。

（3）用户知识　应了解用户的心理、性格、消费习惯和爱好，以及购买力的水平等。

（二）心理素质

（1）具有强烈的工作欲望，对本企业的品牌产品充满自信心，并具有持久的耐力。

（2）具有良好的语言表达能力，能准确表达产品的信息能力。

（3）精力充沛、头脑清醒、反应灵敏、从容不迫、轻松自如地完成日常工作。

2. 店长的职责是什么？

店长是一店之长，因此必须具有管理本店日常工作的水平。店长既要下达公司的任务又要领导和管理好店内的人和事。其具体职责如下：

（1）积极引导店内的销售人员开发和维护店内良好的销售业绩。

（2）积极主动配合企业做好品牌宣传和品牌促销活动。

（3）检查创新产品的陈列，保持店内整洁有序，陈列的产品既生动活泼，又有艺术之美，并有明亮的灯光照射，给消费者选择时有赏心悦目之美。

（4）严格控制店内的支出与损耗。

（5）严格掌控货款各类销售单据。

（6）正确议定破损产品的折价金额，并在折价单上签字。

（7）时刻关心市场动态，积极了解和收集竞争对手的产品、价格，协助经理分析市场，使本品牌不断适应市场变化。

（8）坚持每天做好日结工作，并记录销售数量和销售金额。

（9）监督和教育店内的销售人员做好防火、防盗和安全保卫工作。

3. 导购员的行为准则应具有哪些要求？

（1）导购员着装统一，仪表整洁、利索。

（2）在接待顾客时，要使用礼貌用语，不矫揉造作。

（3）诚信待客，实事求是地介绍产品，告之消费者企业提供的服务承诺。

（4）进入店内的消费者无论买与不买，都要积极地为顾客热情服务，态度和蔼，耐心回答顾客对产品的咨询，并向顾客提供产品选择。

（5）签订合同时，文字要简练、准确，并留有余地，一定要按国家标准中的命名写入合同中。

4. 导购员向客户推荐产品时应注意哪些事项？

（1）导购员在推荐产品前，以聊天的方式应向客户了解装饰的风格与木地板预算的费用，然后再向客户介绍三层实木复合地板的性能、特点及注意事项等。

（2）导购员在推荐产品时，语气一定要使用疑问式的谈话方式，最后由客户自己作决定。

（3）推荐的产品时，要符合客户相接近的价位。

（4）推荐的三层实木复合地板型号和品类不宜太多，不然客户会犹豫不决（只推荐两三种）。

（5）推荐的地板在店内必须有陈列的产品。

（6）客户假如对陈列的地板有疑问，提出其他产品时，导购员应及时反应，对客户提出的产品或型号通过比较的手法来说服顾客。

5. 导购员在门店日常工作中如何接待客户电话？

电话是当前通讯中一个重要的工具，这也是公司形象的窗口。在接听对方电话，无论是洽谈商务合同、咨询、甚至投诉电话时，导购员都应面带笑容、语气和蔼、耐心倾听对方提出的问题，并正确迅速地回答其所提出的问题。

在回答消费者提出的问题前或后常用的电话用语如下：

1）咨询用语

（1）需要我为您做些什么？

（2）对不起！请您再重复一遍好吗？

（3）您还有别的问题吗？

（4）如果您不介意的话，我可以回答吗？

2）应答用语

（1）没有关系，不必客气

（2）很高兴为您服务，这是我应该做的。

（3）我能帮助吗？很高兴！

（4）对不起！让您久等了！

（5）非常感谢！谢谢您给公司提的宝贵意见和建议！

（6）我明白您的意思，我一定马上给您办理！

3）致歉用语

（1）打扰您了！我一定会马上向公司反映，马上给您解决！

（2）真不好意思！我们的疏忽给您添麻烦了！

（3）谢谢您关心公司，以后请您随时给我公司提出宝贵的意见！

6. 何谓区域经理？它的职责是什么？

目前虽然公司的组织构架都趋向扁平化，但还有一部分公司的组织构架中有区域经理的设置。

区域经理的职责是，负责公司某一个区域的组织和发展经销商建设和维护工作。它的简称是UM（Unit Managet），它是受公司主管营销经理的领导，因此它是协调处理经销商与厂家，以及经销商与下属分销商之间的关系。其具体的职责如下：

（1）积极引导和协调经销商完成企业（公司）给区域的销售任务。

（2）积极带领区域的销售团队，发展与完善经销商，并完善区域下属的分销网络，为完成企业下达的销售额，除此以外还应引导经销商持续地拓展市场。

（3）积极领导下属的经销商不断充实和调整销售人员的队伍。

（4）积极配合和支持经销商就地搞促销活动。

（5）协助经销商建立销售人员的评估奖惩制度。

（6）定期开展就地专业培训，提高销售人员销售技巧与专业知识。

7. 三层实木复合地板在店内销售时，导购员如何做好、售前、售中、售后服务？

三层实木复合地板在进行营销活动时通常分为三个阶段，即售前、售中、售后三个阶段。

（一）售前服务

售前服务就是消费者跨入店中正四周观望产品徘徊不定时，销售人员就应笑脸相迎。应做到：

（1）不卑不亢并耐心地了解客户对其家居装饰风格的要求及其地面装饰材料的选择。

（2）正确引导，有的放矢地将客户广泛性地需求转化为只对木地板选择，并对该客户正确无误地将三层实木复合地板的特点，以及与其他地板相比得出的优点灌输给客户，最后将该客户的联系方式书面备案。

（二）售中服务

（1）热情相迎待门店的每一个客户（消费者），正确引导消费者选择三层实木复合地板种类、规格、色泽。

（2）引导消费者正确认识三层实木复合地板的色差，在国家标准中允许的干缩等自然现象。

（3）在签订销售合同时，应告知客户木地板验收的方法、铺设方案并写入销售合同中。

（4）告之客户使用与保养的基本认识方法与注意事项。

（三）售后服务

（1）木地板送入工地后，销售人员（导购员）应及时通过通讯工具，做好铺设与验收的跟踪工作，并做好书面记录，记入客户信息档案。

（2）在铺设中经常与客户联系，发现铺设问题，及时反馈公司工程部，防患未然，并督促售后服务人员到施工现场监理与督促施工。

（3）接到客户投诉应在48h之内，反映给售后服务人员勘察现场。

导购员（销售人员）虽然只是负责售前、售中的服务，事实上售前、售中、售后三者是有机的联系，其中一项服务不到位，就影响销售的成效。所以，导购员不仅要重视售前、售中的服务，更不能忽视售后的服务。

8. 导购员（销售人员）在店内推销产品时，经常会遇到哪些消费者（客户）表示出不利销售的冷漠态度？如何应对？

导购员在店内热情向消费者介绍木地板时，有时会遇到有些消费者“冷脸相待，转身就离店”持不信任的态度或者“受到同来消费者的阻挠”等等。在遇到有不利于销售的语气和态度情况时，导购员应机智、沉着、并用诚恳的语气来应对。

(1) 当遇到冷脸，转身就离店的消费者

当消费者进入专卖店，导购员热情而有礼貌地接待他（她）时，他（她）都脸无表情地说“我随便看看”。很快转一圈就走。

应对措施

导购员遇到这种情况，应始终保持既热情而又不卑不亢的语气，试问来激发他（她）与你交流情况的兴趣，如

① 导购员说：您先随便看看，买不买没有关系，我们随时随地都欢迎您光临本店。但是您今天来得真巧，我们现在刚好逢节日搞优惠活动，若方便的话，请允许我给您介绍……

② 导购员说：没关系，地板是耐用品，您可以各店看看货比三家，多了解是非常必要的，不管您买不买，我们都会提供一流的服务。不过小姐（先生）很巧，我公司刚有款地板很适合年轻人，您不妨看看，或者说您附近小区就有人已购，您可以去看看！

2）对导购员介绍的地板，消费者脸上露出不信任的表情

消费者踏入店时，导购员热情打招呼，并热诚地介绍地板。他（她）却冷冷地说：“你们卖地板的都说自己的地板好。”无心再听导购员介绍。

应对措施

遇到这种情况时，导购员必须持有一个信条：热情接待，但也不能不言语，不然的话消费者认为，验证了他的看法。

导购员：先生（小姐）我能理解您的想法。但是请您放心，我们的瓜的确很甜，我已经在本店经营多年，若不好，您可以回来找我，我何必自找麻烦？您说是吗？我店的产品，您居住小区就有人买，请您看看，这里就有您小区的客户购买我店的地板，看铺设后的效果图。

(3) 亲友阻挠

导购员在热情向消费者介绍地板的种类时，与消费者同来的亲友却横插一句话，说：“咱们到别处去看看再说！”此时，导购员千万不能脸露出不悦之色。

应对措施

遇到这种情况时，导购员不仅不能露出不悦，而且千万不能讲激化消费者生气的言语，应该用缓和的言语来扭转这种尴尬的局面。

① 导购员：这位先生（小姐）您对木地板选择很精通，而且对朋友也贴心。能与这样的亲友一起来进入店挑选地板真幸福。请教一下，您觉得这款木地板的花色、树种是否合适您的亲友，我们交换一下看法好吗？

② 导购员：您的亲友对三层实木复合地板选购很内行，而且也很用心，难怪您带上他（她）真是好参谋。请问这位先生（小姐）这款三层实木复合地板有不满意的地方吗？我店的地板是非常丰富的，只要我们了解你们的装饰风格，我就可以给您和朋友推荐符合风格的款式，您觉得好吗？

9. 销售人员如何与客户建立良好的关系？

企业为吸引更多的客户，销售人员必须向客户提供比竞争对手具有更多的服务，才能提

高客户满意度，也就能与客户建立良好的友情关系，他（她）就会通过口碑传递信息，从而为销售人员的门市销售产生一定的销售业绩。为此，销售人员必须做到：

（1）多做贴心小事

销售人员在日常工作中通过发微信、短信做一些贴心的小事赢得顾客感动，如逢年过节问候，冬天问暖（天气转凉注意添衣等等）。

（2）成为顾客的知音

销售人员通过不经意的聊天，随时收集顾客的资料，通常包括家庭成员状况、职业、职业变动、个人兴趣爱好等，与顾客接触。这些资料将会在随后的沟通中拉近距离，奠定良好的基础。以关心顾客来营造与顾客之间的关系。

（3）善于倾听客户的意见和建议

以诚恳、虚心的态度征求客户（顾客）的意见，使客户感到被尊重的感觉。

（4）及时而准确地将公司信息反映给客户

通过微信或短信，把公司或本店搞促销活动、新产品优惠等信息，准确无误地传递给客户，使其感到家人的感觉。

总之，当客户享受到销售人员的热情关怀、人性地服务，以及销售技巧之后，它既会对销售人员从心底认可，也随之提高了公司的品牌。

10. 为什么“地板工程”已逐渐成为销售渠道中的重要组成部分？

原国家建设部下文，成品房由毛坯房向精装房迅速转变。政策实施以来，虽然遇上国家出台房地产调控政策，使房地产业发展速度减慢，但经济适用房、廉租房在国家政策鼓励和支持下，依次按计划在各大城市分批竣工完毕，以及国家房地产调控政策启动之前开工的建筑也都已竣工完毕。而房地产钢性需求的主要消费者是70、80后甚至90后，他们追求快捷简单，因此精装房符合他们的需求。而精装房中地面装饰材料，在京、津、沪、华东地区、东北地区、西北地区在精装房中80%以上都铺设木地板，通常经济适用房、廉租房采用是强化木地板，中高档楼盘商品房大多铺设多层实木复合地板与三层实木复合地板。鉴于上述情况，地板企业越来越重视“地板工程”销售渠道。

目前国内在房地产工程中做得有起色的地板品牌有，圣象、大自然、生活家、安信、吉林森工、科冕、世友、久盛等。分析这些品牌能成功与房地产商战略合作（或联盟）的主要原因是，除了其具有良好的品牌影响力和优质的产品口碑，更主要的是其工程配套服务系统健全，如售前服务应慎重选择样板品类、定价、质检报告、样板间的铺装、工厂考察等都应做充分准备。客户确定使用与否的关键，还有售后服务如木地板维修、调换、保养等，既是长期而复杂的过程，也是保证“地板工程”很好完成的过程。

11. 承建“地板工程”项目应包括哪些主要工作？

木地板企业在工程中标前后大致有以下几部分工作

1）投标前的主要工作：

（1）书面资料：① 公司简介。②产品介绍。③承接过的项目图文并茂。

（2）样板确定及报价。

（3）投标书准备。

2）标书在书写中应列的内容：

（1）公司介绍（图文并茂），包括营业执照、税务等证明书。

（2）公司法定人和投标人的书面介绍，资格证明文件。

（3）授权委托书。

（4）地板标价、工程量清单与报价：① 木地板总用量与报价（规格、材种、色号、型号以及损耗）。②辅料量与报价（踢脚板、扣条、胶、垫层）。③ 木地板铺设方法与验收标准。④ 生产工艺。⑤ 供货方式。⑥ 预收款金额与日期。⑦ 施工阶段的日期与验收标准。⑧售后服务与保证措施。⑨最终结算方式和日期，以及保证金回收。

12. 如何提高店面的销售功能？

店面的销售额主要靠营销人员。为此销售人员首先应知晓消费者的需求与心理，才能设计店面的销售方式和手段。

店面销售额的增长，首先要聚集人气、交流信息，才能达成交易。而这一切都是需要销售人员来推动和行使。销售人员要了解消费者的心理与需求，才能设计店面的销售方式，相应地获取良好的销售业绩。为此为提高店面的机能，必须具有以下几方面：

（1）营销人员应通过培训、掌握地板的专业知识、团队意识。

（2）店面设计中应考虑消费者进入店中有舒适、温馨的购物环境。

（3）商品陈列要醒目，品种要丰富。

（4）定价既要有利润，又要对消费者具有吸引力。

（5）充分利用各种条件宣传品牌，来吸引消费者进入店门。

（6）不定期变换陈列形式与补充符合消费者需求的产品。

13. 如何做好团购促销？

自房地产调控政策出台以来，房地产销售量下降也影响建材产品的销售，木地板销量也受到冲击，为此各企业纷纷开展各种形式团购促销。为做好团购，应认真细致地做好如下工作：

一、做好组织工作

（1）成立团购部

企业团购部的作用是，全面掌管团购活动的领导与运行。

2）制定团购手册

团购部专人负责制定《企业团购实战技能与管理手册》。其内容包括：谈判策略、服务素质、地板专业知识、实战中如何执行等方面内容，指导和培训团购实战中的工作人员的素养和能力。

（3）团购实战技能培训

依照《企业团购实战技能与管理手册》对团购业务人员进行实战开拓能力、执行能力和全面配合素质能力的培训。

二、团购活动前宣传

（1）通过有影响力的网站发布团购日期、活动内容。

（2）在各大建材市场发放团购活动宣传单。

（3）通过当地有人气的报刊发布团购消息。

三、团购实战前物质与人力准备

（1）产品、礼品、宣传资料、运输车辆等项目落实。

（2）团购费用预算。

（3）会场准备工作。

（4）人员落实：

① 接待与产品介绍。

② 团购预约登记与确定。

③ 接送目标消费者。

④ 展厅接待。

⑤ 家装课堂。

⑥ 接受预定。

四、团购活动信息反馈与总结

（1）团购中的承诺按期兑现检查。

（2）回访参加团购消费者，总结经验。

（3）图文总结纳入企业宣传册。

14. 三层实木复合地板内销市场有哪些渠道？

三层实木复合地板企业为将其产品以营利的方式向市场出售，可以通过很多渠道，在地板行业中普遍采用的渠道有以下几种形式：

（1）零售门店（专卖店、企业直销门店）

目前该销售形式是主要销售渠道。

（2）建材市场、建材超市

该销售形式随着销售渠道增多，以及租金昂贵，该形式在衰退。但现在经常利用建材市场平台进行品牌联营多渠道销售。

（3）装饰公司联手销售

华东地区比较盛行，但装饰公司提到润额度大，影响企业的利润。

（4）工程

资金压期过长，影响资金周转，所以小公司不愿参与工程。

（5）奥特莱斯

国际外贸市场风波增多，迫使部分企业将外销产品改为内销产品。

（6）电子商亦称网销

地板网销往往是在网上开始，网络外实体店完成交易。

（7）小区团购

第三篇　地暖地板

第一节　地面辐射供暖基本知识

1. 何谓地面辐射供暖？具有几种形式？

以热水在管内流动或以电为能源，将热能传导到地表面。地表面的热量又以辐射形式（大部分）传入室内，被人体和物体吸收后，马上又转化成热能，从而进一步达到室内升温的作用，这种供热的形式称作地面辐射供暖。

地面辐射供暖从能源上分为两大类，一类是低温热水地面辐射供暖，简称“水地暖”，另一类是以电能源“电地暖”。电地暖又根据材料不同分为发热电缆地暖系统与电热膜地暖系统。

2. 地面辐射供暖与其他供暖形式相比具有什么特点？

从目前人们常用的采暖形式有三种，即地面辐射供暖，散热器供暖，空调供暖。这三种供暖形式相比较地面辐射供暖形式优点最为特出。其特出的优点如下：

（1）能源省、热效率高。

（2）脚热、头凉，符合人的生理要求。

（3）地暖具有 30～50mm 厚的填充层，热蓄量大所以稳定性好，室温均匀。

（4）不占空间、不起尘、不污染室内环境。

（5）辐射供暖的波长约在 8.97μm，该波长是属于远红外波长当中对人体健康具有特殊作用的一种，称为“生命波长”，它可以迅速被人体吸收，使微血管扩张，促进血液循环，有益于健康。综上所述，可见地面辐射供暖系统越来越受到人们的青睐。

3. 热传递有几种形式？地面辐射供暖主要是有哪种形式进行传递？

按照热量传递的原理，热传递具有三种形式，即传导（又称导热）、对流、辐射。

地面辐射供热系统主要采用“辐射”进行热量传递，所以在地采暖的标准中称为“地面辐射供暖”。

4. 何谓热传导？

物体本身不发生位移，而是依靠分子、原子、自由电子等微观粒子的运动，引起热量的传递，如物体将较高温度的物体面把热量给与之相接触温度较低的物体面，或物体内部热量从温度较高的部分传递到温度较低的部分，称为热传导。

5. 何谓对流？

依靠流体（气体或液体）运动，把热量由一处传递到另一处的现象，称作对流。对流仅仅发生在流体中，而且必须伴有导热现象。

6. 何谓热辐射？与对流和传导有什么不同？

辐射就是发射体将其内能转化为辐射能发射出去。辐射传热不依靠物体的接触进行热量传递，而传导和对流传热都必须由冷热物体直接接触或通过中间介质（如水、空气等）相接触才能进行。

7. 何谓地表面的温度？室内地板表面的温度应达到多少值？如何测定其值？

为达到室内所需舒适温度，地面辐射供暖系统必须供给单位地面所需的热量后才能达到地板表面的温度，也就是能保证室内舒适的温度。而此时地板表面的温度根据建设部制定的行标，其地表面的温度可参考表3-1的值。

表3-1　地表面平均温度　（℃）

区域特征	适宜	最高限值
人员经常停留区	24～26	28
人员短时间停留区	28～30	32
无人停区	35～40	42

辐射供暖时，人体和物体同时受到辐射热。

8. 影响地表面温度值有哪些因素？

地表面温度升不高，是由多种原因造成的，其主要因素有以下几方面：

（1）热源系统配置的热负荷值与房间面积值不相匹配。

（2）绝热层的阻热效果差。

（3）室外墙保温层太薄达不到保温效果。

（4）水地暖管道积有杂物，使管内水流不畅。

（5）电地暖系统局部地区有短路。

（6）落地家具遮挡率过大，超过房间面积30%。

（7）地面层装饰材料过厚。

9. 何谓导热系数？在地面辐射供暖装置中如何选择导热系数不同的材料？

导热系数是指在稳定传热条件下1m厚的材料，两侧表面流体的温差为1℃（K），在1h内通过$1m^2$面积传递的热量，其单位为W/(m·K)，它是衡量保温效果的关键指标。不同材料有不同导热系数，与热阻系数刚好相反，所以选用绝热层的材料，就要选导热系数小、厚度厚的材料，如软木垫层、地毯、地板革、聚苯乙烯保温板……导热系数小的材料用在地面辐射供暖系统中作绝热层。

10. 何谓传热系数？

传热系数从理论上讲，就是指固体壁两边流体的温度相差1℃时，每小时通过$1m^2$固体壁面的热量，其单位为W/(m^2·K)，不同材料有不同传热系数，传热系数与热阻系数刚好相反，即传热系数小热阻就大。它们之间关系见表3-2，室内外门的材料不同，传热系数也不同。

表3-2　不同材料门的传热系数与热阻系数

门框材料	门的类型	传热系数 k	热阻 R/（m^2·K/W）
木塑料	单层实木门	3.5	0.29
	夹板门和蜂窝夹芯门	2.5	0.4
	双层玻璃门（玻璃比例不限）	2.5	0.4
	单层玻璃门（玻璃比例<30%）	4.5	0.22
	单层玻璃门（玻璃比例30%～60%）	5	0.2

续表

门框材料	门的类型	传热系数 k	热阻 R/（$m^2 \cdot K/W$）
金属	单层实体门	6.5	0.15
	单层双玻璃门（玻璃比例不限）	6.5	0.15
	单框双玻璃门（玻璃比例<30%）	5	0.2
	单框双玻璃门（玻璃比例 30%～60%）	4.5	0.22
无框	单层玻璃门	6.5	0.15

12. 何谓热阻？常用的地面装饰材料中哪种材料热阻最大？哪种材料热阻最小？木地板属于热阻小还是大？其值多少？

热阻就是在单位面积的壁面上，当流体与壁面之间的温差为 1k 时，单位时间内材料抵抗热流通能力的阻力称为热阻，常用 R 表示。该值的大小表示对流换热过程中的强弱，其单位为 $m^2 \cdot K/W$。

目前常用的地面装饰材料有石材、水泥地面、瓷砖、木地板、地毯、软木。

以上几种地面装饰材料中水泥地面和瓷砖热阻系数最小，地毯和软木地毯热阻系数最大，而木地板居中，其热阻系数 $R=0.1m^2 \cdot K/W$。水泥地面、瓷砖虽然热阻系数小，但在冬季时脚感与眼观都感觉冷冰冰不温馨，所以在居室地面辐射供暖系统中的地面装饰材料选用木地板的比例越来越高，特别是三层实木复合地板芯层采用软材，其密度小，因此热阻更小于其他木地板。

13. 为什么人们喜爱用木地板铺设于地暖系统上？

虽然木地板的热阻系数居中，但是人们还是喜爱用木地板铺设于地暖系统装置上。其原因有如下几点：

（1）不管是严寒的冬天还是酷热的夏天，木地板都具有调湿的作用。人体在大气中最舒适的湿度在 60%～70%之间，木地板可通过本身的特性维持湿度在人体舒适的范围之内。

（2）木地板美观自然．脚感舒适。木地板具有天然的木纹绘成美丽的画卷给人一种回归自然、返朴归真的视觉，而且脚感舒适。而石材、瓷砖、水泥始终给人的视觉是生硬、冷冰冰的感觉。

（3）旧了可翻新

鉴于上述特点，木地板的热阻系数虽然偏大，但人们采用木地板的比例越来越高。特点是采用三层实木复合地板作地热地板，更优于其他地板，因为三层实木复合地板的芯层采用速生材或其他软材，它们的材质疏松，它的热阻系数小于其他品类的木地板。所以三层实木复合地板更适宜用于地热地板。

14. “地暖”为什么全称为地面辐射供暖装置？

上述第三题中已述说热量传递有三种方式，传导、对流和辐射。而“地暖”无论是低温热水地面辐射供暖，还是电热形式供热，其热量和传递到表面，地表面大部分热量都以辐射形式送入室内各个房间，被人和室内的物体吸收后转化成热量，所以根据热量传递方式定名为地面辐射供暖装置。

15. 为什么地面辐射供暖装置是供暖形式中最为舒适的一种供暖装置?

低温辐射供暖装置放射出8～13mm的远红外线，使人的皮肤2mm深处的“热点”传感器产生刺激，因而人体感觉舒适。

人体和周围环境介质的热交换在平衡状态下，通过皮肤以辐射形式的散热量为47%，当人体热量和其本身人体产热量达到平衡时，一般的人体体温可维持在37℃左右。

辐射供暖时，人体和物体同时受到辐射热，而它的波长在8.97μm，属远红外当中对人体健康有特殊作用，被科学家称为“生命线”的波长范围，它可迅速被人体吸收，微血管扩长，促进血液新陈代谢，增强免疫力，而且它采用的是大面积供暖，室温均匀，而传统散热器供热采用空气对流，因为热空气比重小，冷空气比重大，导致室内空气上部温度高，下部温度低，导致头热脚凉，使人感不舒适，而“地热”却取其相反，空调采用强制空气对流，使室内空气干燥闷热，所以地热是最为舒适的一种。

16. 何谓低温热水地面辐射供暖装置?它由哪几部分组成?

低温热水地面辐射供暖装置是指以低温热水为热媒，通过被埋设在地板内的加热管或加热通道加热地表面的装置，称为低温热水地面辐射供暖装置。

低温热水地面辐射供暖装置有以下几大部分组成：

(1) 热源，作用是加热循环水。

(2) 盘管及分、集水器等附件，作用是低温热水在管内流动与水流速控制件。

(3) 低温热水地面供暖系统温度控制装置，作用是控制在管内进出管口的温度。

(4) 地面构造层，是低温热水地面供暖系统散热的末端，它的作用是保证管内流体温度以及均匀传(散)热与室内，使室内具有均匀热量。

17. 低温热水地面辐射供暖装置可采用哪些热源?最常用是哪种?

为使低温热水地面辐射供暖装置进入埋于地面下盘管的水温达到60℃低温水左右，必须有热源将水加热到所需温度，因此市场上供应的热源来源有几种方式可将水加热到所指定温度。

(1) 热泵系统

热泵是一种能从自然界的空气、水或土壤中获取热能经过电力做功，输出通用的高品位热能的设备，分别是水源热泵、空气热泵。

(2) 燃气壁挂炉

燃气壁挂炉是以天然气为热源，由壁挂炉向地面辐射供暖提供热水进行供暖，可选用电或天然气。

(3) 太阳能热水器与热泵机组合。

(4) 地热水

地热水受到限制，有的地区有，有的地区无。

(5) 锅炉

用锅炉向地热供暖装置提供热水进行供暖，锅炉可选用煤或天然气。

(6) 电厂余热

将热水进行供暖。

以上六种中其中第二种应用最广泛，分户供暖基本采用燃气壁挂炉供热，既简便又经济。

18. 低温热水地面辐射供暖装置在安装时如何保证达到室内舒适的温度？

“水地暖”系统要达到舒适温度，需要根据气温的变化，进行运行调节。即室外温度偏高或温度偏低等现象出现时，就要进行水温调节和流量调节。因此，为保证室内始终是舒适温度，就必须在管道的支路段设置流量调节阀和分室温控制器装置。通常安装在加热管与分水器、集水器的接合处，分路设置远传型自力式恒温控制器，通过各房间内的温控器控制相应回路上的调节阀、控制室内温度保持恒定。

19. 地热地板下面的地暖系统，为保证热量不损失和正常热传递其地面结构层有几层？

地热地板下面无论是铺设“水地暖”或“电地暖”任意一种，其地面结构层必须具有以下四个层面：绝热层、填充层、隔离层、找平层，如图3-1所示。

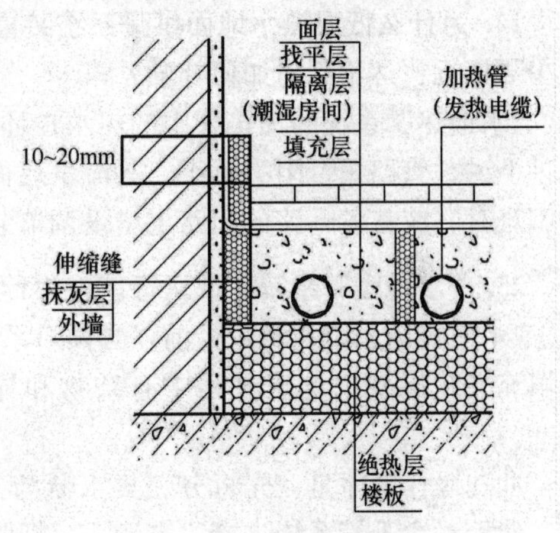

图3-1　楼层地面构造示意图

20. 安装“水地暖”或发热电缆低温供暖系统时为什么地面构造层要有填充层？其结构如何？

填充层是在绝热层或楼板基面上铺设“水地暖”的加热管或发热电缆时的构造层，称为填充层。

它的作用除了上述所说的是安放加热管或发热电缆以外，还具有保护加热设备（加热管、发热电缆），并使地面温度均匀。为达到此目的，所以对绝热层厚度有一定要求，即30～50mm，结构层皆用C15以上的豆石混凝土，热容量大、稳定性好，尤其是间隙供暖时，室温变化缓慢。当关断热水阀门或降低温度时，填充层中蓄热量能使室温可保持6h左右，如白天出去，下午回来室内仍有余温。

21. 何谓绝热层，如何保证绝热层起到绝热效果？

地面构造层中的绝热层，就是用以阻挡热量传递，减少无效热耗的构造层。

为了减少无效热损失和相邻用户之间的传热量，除了应设计有绝热层而且还应具有有一定厚度才能保证阻挡热量的传递。常用的铺设材料：

（1）聚苯乙烯泡沫塑料板材，其板厚为2～3cm，容重应大于2kg/m³，若容重过小，在其上敷设的加热管抓力不够，将会影响加热管的固定。

（2）发泡水泥作为绝热材料，绝热厚度一般为40～50mm，发泡水泥导热系数为0.09W/（m·K），该材料较聚苯乙烯泡沫塑料板承载能力强，适合大面积地面供暖系统使用。

22. 何谓找平层？在地面构造层中起何作用？

在垫层或楼板面层上进行抹平找平的构造层，称为找平层。

找平层是敷设在底部楼板层上和地面构造层上端，即填充层上面，它的作用在底部的找平层是为了保证绝热层铺设平整，在顶部是保证地热地板铺设平整。若铺设方法采用胶粘接地板时，找平层不仅要求平整，而且还应具有一定强度，找平层厚度通常为30mm。

23. 低温热水地面辐射供暖系统在施工中间何阶段时要进行水压试验？为什么要做多次水压试验？

水压试验是中间验收工作的重要环节。水压试验分别在浇捣混凝土填充层前和填充层养护期满后进行两次。另外在装修期间导致加热管损坏现象较多，所以在装修完毕后，还要进行一次试验。

总共要进行三次水压试验，水压试验的目的是检测地暖系统的密闭性。通过在升压过程中随时观察和检验地暖管路，地暖管与分、集水器连接点及连接件等处有无渗漏。

24. 为什么低温热水地面供暖系统装置安装加热管时其加热管管道的环路，长度要相等至少要接近？达不到时如何补救？

“水地热”系统的加热管中的热水在环路中流动由于环路不同所承担的热负荷不同。从原理上讲，管路短、阻力就小，其流量反而加大，使管道环路相接近，其误差≤10%，若确有困难时，应在各环路的回路上增设调节装置，调节至集水器上各环路回水温度大致相近。

25. “水地暖”系统在试运行前，为什么必须对供暖主干管进行冲洗？如何冲洗？

“水地暖”系统在试运行前，必须对系统的主干管进行冲洗，以防在安装过程中，特别是填充层在混凝土浇筑过程中有杂物和异物进入热水管中，造成热水流动不畅通，甚至堵塞。

冲洗操作顺序是：先将分、集水器与主干管连接点分开，把供水管和回水管连接在一起，然后对主干管系统进行注水清洗，把脏物冲洗出管，然后再与分、集水器相连接。

26. 何谓电地暖？常用的电地暖有几种形式？

电地暖就是将定制的发热体铺设于室内地面构造层内，通电后使发热体的温度达到40～60℃的条件下，将电能转化为热能，又通过地面辐射供热的方式把热量传送到室内，使室内达到舒适的温度，这种供暖的方式称为电地暖，全称为电力地面辐射供暖。

电地暖在市场上有三种形式：发热电缆、电热膜与电热板。作为发热体将热量输入室内，其中发热电缆用于地面供暖最早，电热膜用于地面供暖近几年发展很快，电热板可安装在墙内或墙外，也可铺设于地面下用作地热。

27. 何谓电热膜？

电热膜是一种通电后能发热的半透明聚酯膜，由可导电的特制油墨、金属载流条经印刷、热压，在两层绝缘聚酯薄膜间制成的一种特殊的加热元件。其形状酷似于医学上的X光胶片，它具有耐潮湿、耐高温、高韧性、低收缩率、运行安全、便于储运的一种简便的发热体。

28. 何谓电热膜地面辐射供暖系统？

电热膜地暖系统就是将电热膜铺设于室内的地面构造层内，将电热膜加热到最高温度不超过50℃，缓慢加热地面、混凝土层面和木地板，使电能转化热能，把热量以辐射的方式送入室内，使身体和物体都得到热量，使室内保持有舒适的恒温。其系统图如图3-2所示。

29. 何谓发热电缆？

以电力为能源，接通发热电缆的发热芯被加热的发热芯通过内阻发热，将电能转换热能，此种电缆称为发热电缆。

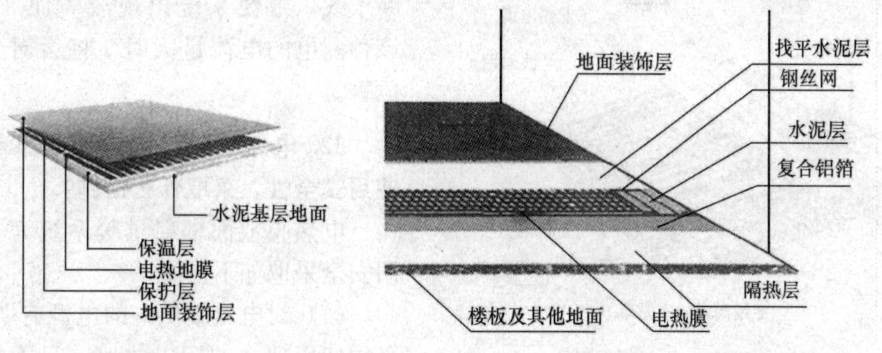

图 3-2　电热膜地面辐射供暖系统图

发热电缆是由冷线、热线和冷热线接头组成，其中热线由发热导线、绝缘层、接地屏蔽层和外护套等部件组成如图 3-3 所示

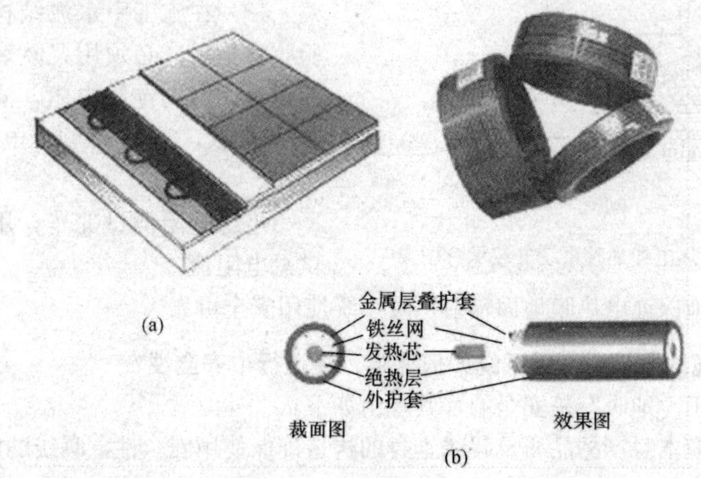

图 3-3　发热电缆结构图

(a) 发热电缆地暖结构示意图；(b) 发热电缆结构图

30. 何谓发热电缆地面辐射供暖系统？它是如何控制温度的？

发热电缆地面辐射供暖系统是以电力为能源，将发热电缆通电，其最高温度可达到 65℃，缓慢地将地面结构层的地面混凝土和木地板加热，通过温控器将地面控制在 20～30℃，此时，大部分的热量以辐射的传热方式传递到室内的墙体，物体和人体吸收了辐射热后，表面温度升高，达到了人们所需要的舒适温度。温控器利用地面温度传感器和房间温度传感器，可以精确地控制地面温度和房间温度。当温度达到设定值时，温控器自动断开，发热电缆的电源、发热电缆停止加热；反之，则通电、发热电缆开始工作，如图 3-4 所示。

31. 为什么电热膜电地暖系统装置中有泄漏电流？它与漏电是否同一概念？

无论何种类型的电热膜其外形都是平面块状的电加热体，因此在其上铺装水泥砂浆层时就形成电容结构，由此产生感应电压和有相应泄漏电流。

泄漏电流与漏电电流是两个决然不同的概念，泄漏电流是本身先天性，对人体无危害，而且是极小的电流，在 0.25mA 以下；而漏电电流是“电地暖”系统在安装和使用不慎碰

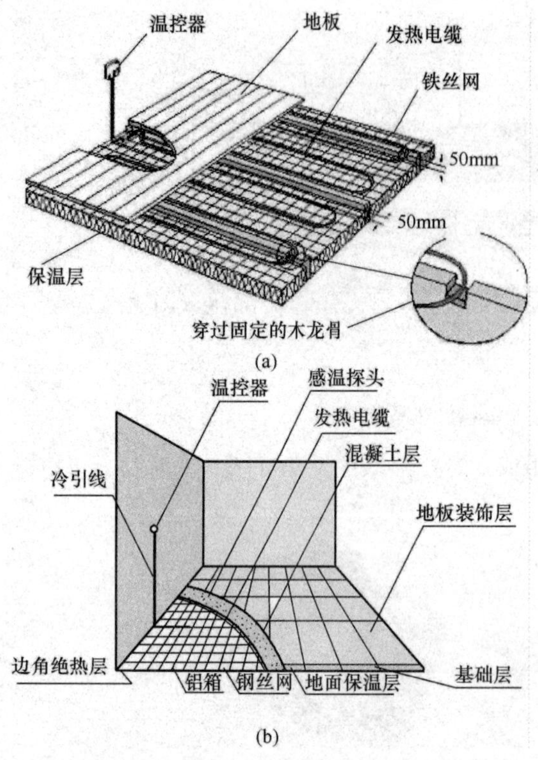

图 3-4　发热电缆地暖系统安装示意图

断了线，致使系统出现故障而产生漏电，该种漏电的电流量大时，将会对生命造成危害。

32. 电热膜地面辐射供暖系统为保证使用安全性，采取什么措施？

电热膜地面辐射供暖系统为了保证使用安全采取如下措施：

（1）对电热膜供电的电源有明确规定，必须使用独立的配电线路，且不得与其他照明、插座共用支路。

（2）专用的配电线路中必须安装有漏电断路保护器。

（3）在施工中水泥结构层铺设完毕并验收合格后，必须用兆欧表测试电热膜总线对金属网的绝缘电阻，测试值至少要大于 5 兆欧，若有问题，电热热膜块及时更换。

绝缘电阻测试完毕，用万用表再次测试总电阻值。

通过上述措施保证电热膜地面辐射供暖系统使用安全可靠。

33. 发热电缆地面辐射供暖系统如何保障，在运行中安全性？

发热电缆用于“地暖”是安全的，其理由如下：

（1）发热电缆本身产品品质及暖线本身的构造确保使用安全性，暖线的加热元件首先被一层聚苯乙烯包裹住，此外还包有一层金属屏线，此屏线安装时接地、防止漏电。

（2）发热电缆地面辐射供暖系统在施工中将发热电缆被埋于 3～5cm 厚的水泥层中，这样既达到均匀散热作用，又保护发热电缆不被破坏。

（3）发热电缆地热系统在施工中进行三次电阻检测，其检测时段如下：

① 发热电缆安装前检测电阻。

② 发热电缆安装完毕检测电阻，保证每个环路无短路与断路现象。

③ 混凝土保护层浇注前和后进行发热电缆的电阻和屏障接地检测。

以上措施的实施通常就能保证运行中的安全性。

34. 水地暖系统装置调试和运行中应注意什么？

水地暖系统在调试和运行中应注意以下四点：

（1）调试时初次供暖应缓慢升温，保证平稳，确保系统中每个构件逐步适应，以免带进过多的空气，造成系统排气不畅。

（2）初始调温时，应将水温控制在比当时环境温度高 10℃左右。

（3）调到温度在 25～30℃时运行 48h，每隔 24h 升温超过 3℃，直至达到设计水温。

（4）调试过程应持续在设计的水温条件下，连续通暖 24h，对每组的分水器、集水器、加热管逐路进行调节，应调节达到各通路的回水温度大致相接近。

35. 水、电两地暖系统工程安装完毕，如何正确测定该工地的供暖效果?

低温热水地面辐射与电地暖供暖系统在传热方式上虽然大部分是通过辐射方式传递热量，但是还有一部分是通过对流传热，所以既不能单纯地以辐射强度来衡量，也不能简单地以室内空气干球温度计，或红外线温度计测试（可作一般参考温度）。作为准确地考核依据，必须能反应辐射和对流综合作用的黑球温度计作为评价和考核供热效果依据。一般地暖系统测试温度时，可以以人体在屋中央站立在离地 1.5m 处，即人体鼻尖部位，用黑球温度计指示的温度，为 (18±2)℃为宜。

36. 何谓局部过热?

局部过热就是指地暖系统在使用过程中，由于表面装饰层（木地板或石材）放置了传热性差的物品，如地毯、棉被、无腿大型家具等，使其地面辐射供暖装置辐射和对流形式传热向上传递时，被覆盖在地板上的大型物件压住，不能向房间空间中发散出去。因此使此部分热量聚集，温度越来越高，当温度高到超过极限值时就会把物件烤焦，甚至会引起火灾。

37. 为什么电地暖系统在调试或使用过程中偶尔也会出现跳闸现象?

电地暖都具有完整的电气安全保护装置，因此在使用中是安全的，但偶尔也会出现跳闸现象。其原因是：

(1) 系统泄漏电流大于漏电保护开关的限定值时，就会出现跳闸现象。电热膜和发热电缆的型号不同，会产生不同的泄漏电流。当电热膜与地面结构层中的填充层形成电容结构时就会产生泄漏电流，当大于超过 30mA 时，漏电保护装置就会停止工作将跳电闸。

(2) 发热元件保护层在工程安装中破损，使发热元件也受损，若施工过程中没有发现，因此调试和运行中就产生“短路”出现跳闸现象。

(3) 水源漏水使地面大量进水，地面进水，加大泄漏电流，出现跳闸现象。

38. 在电地暖系统装置中如何消除过热现象?

电地暖长时间产生过热现象将会引起火灾的可能，所以必须有防患于未然的意识，必须做到：

(1) 尽量在铺有电热膜的木地板上，不放地毯或大面积无腿的家具。

(2) 在电地暖系统的装置的设计时，必须要考虑安装局部过热保护装置。当温度上升到将有可能将覆盖物被毁坏时，过热保护装置启动，自动将电热膜或发热电缆断路停止工作，人们发现后将覆盖物移走，地表面温度就会降温，降到设置的安全温度时发热电缆或电热膜又启动正常运行。

39. 在水地暖验收或运行时，进水管正常情况应达到多少度，若达不到应采取哪些措施?

水地暖系统在验收或运行时，进水管的温度应＜60℃，最佳为 50℃。若供水温度达不到此温度将会影响地表面温度，也就是室内温度达不到 18～20℃。为此必须采取如下措施：

(1) 主管道过滤器与进户过滤器是否堵塞，如果堵塞就必须清理。

(2) 检查进户管道阀门是否开启到位，不到位将其开启。

(3) 检查供水管与分水器是否接反，若是接反将及时调整。

(4) 检查主水管是有堵现象，若遇此情况应及时清洗。

40. 在水地暖验收或正常运行中排水管正常温度为多少？与进水温度差多少？若回水管达不到上述温度（不热）应采取何措施？

回水管的正常温度值应<50℃。其与进水管的温度差10℃左右。若温度差过大，将影响使用寿命，若温度差太小，不能保证舒适度。因此遇到回水管不热，应从以下几方面检查和解决。

(1) 检查回水管是否堵塞。遇此情况，应首先将回水管的放气阀打开，将回水管中的水放出，直至放出热水再停止。

(2) 把不热的那根回水管打开连接点，直接放水冲洗。

(3) 或上述放水还不能达到回水温度时，可采用空压机，将在管中异物吹出。

41. 木地板铺装后，发现木地板下面有渗漏水时，应该如何解决？

木地板下面发现水地暖装置有渗漏水时，应马上将渗水部位的地板撬开，并安放在阴处压平、晾干，同时通知客户让水暖安装公司检查和解决。其方法是：

(1) 单管试压，确定哪根管道漏水。

(2) 单管注水打压至0.8MPa，然后用听诊器在锁定范围内探听声音有否变化，若听到声音异常处即为漏水，局部打开漏点管道或连接处，修补后再连接。

修理完毕后，木地板铺装工应督促水地暖维修工人，再在管中打压，并在24h内观察连接处还是否有漏水，确认无漏水，才能把晾干的木地板重新铺好。

42. 地热地板铺装工人为什么在地暖系统装置调试、维修时都应该在工地现场？

地热地板铺装工在地暖调试与维修时都应在施工现场。其原因是：

(1) 地热地板是木质的，因此当采用电地暖系统装置时检查不当，有短路现象的隐患，将会引起火灾的可能，不在现场将分不清是哪部分引起的而造成纠纷，所以铺装工人因在现场监督和检查。若是水地暖装置渗漏水的隐患没监督、检查将会使木地板变形，原因不明，责任难分。

(2) 地热地板铺设后不热，达不到要求温度，将会相互扯皮，责任难分。

鉴于上述原因，建议铺装工、在铺设前与业主一起监督验收。

第二节　地暖地板

一、地暖地板

1. 铺设于地面辐射供暖装置（简称“地暖装置”）上的木地板有几类木地板？

目前市场上供应的木地板有实木地板（实木地板、实木指接、实木集成地板）、实木复合地板（三层实木复合地板、多层实木复合地板）、竹地板（竹地板、竹木复合地板）、强化木地板、软木地板。以上五类地板中，实木地板、三层实木复合地板、多层实木复合地板、强化木地板四大类木地板都可以铺于地暖装置上；而软木地板因为其阻热系数大阻碍热量传递（能耗大），所以建议不用该地板，实木地板慎用。

2. 是否所有的地面装饰都可铺设于地暖装置？

近几年来市场供应的地面装饰材料，如石材、瓷砖、木地板、塑料砖或卷材都可用于地暖装置上。作为表面装饰，唯独地毯的热阻系数为 $0.15m^2 \cdot K/W$，是瓷砖热阻系数的七倍，其热损失太大，因此不能用于地热表面装饰材料。

前四项材料中选择使用也是精选。如石材，由于产地不一，其氡气含量不一；塑料砖要选择聚苯乙烯等，无毒材料；木地板若生产过程中使用有胶粘剂的，就应选甲醛释放量为≤E_1 级。

3. 是否所有实木复合地板都可用作地暖地板？为什么？

实木复合地板是三层实木复合地板与多层实木复合地板的总称。无论哪类实木复合地板，其木纤维结构排列都要纵横交错排列，该种排列结构保证了实木复合地板尺寸的稳定性，而其表层又具有妙趣横生、典雅大方的木纹，既美感又保证尺寸稳定性。所以实木复合地板最适宜做地暖地板。但是在选购时，其甲醛释放量必须≤E_1 级，最宜 E_0 级。

4. 实木地板是否可用作地暖地板？为什么标准中指出慎用？

实木地板是木材未经粘接、机加工而成的木地板，所以它的特性是最符合木材原有的特性。而木材的特性是随着环境的干温度变化，将出现干缩湿胀的变化现象。

实木地板若铺于地暖系统装置上时，实木地板在采暖期间每时每刻都在承受小于 30℃的温度烘烤，这样就将促使实木地板干缩而使地板出现尺寸变化而引起开裂、翘、曲等不良现象，所以实木地板用作地暖时，其干燥要求将更高，而且做实木地板的木材材性要求稳定性好，所以最佳木材是柚木、印茄木等材性稳定的木材加工成的实木地板，才能做地热地板，所以标准中提出实木地板用于地热时要慎用。

5. 铺设在地暖系统装置上的木地板应执行哪几个标准？

地暖地板因用于地暖系统装置上，它应既能达到普通地板常规质量的要求，又要达到地热性能的要求。

1）地热装置上采用何种地板就应执行该地板的质量要求；

现已实施的国家标准有：

(1) GB/T 18102—2007《浸渍纸层压木质地板》详见附录 1。

(2) GB/T 15036.1～15036.2—2009《实木地板》详见附录 2。

(3) GB/T 18103—2013《实木复合地板》详见附录 3。

(4) GB/T 20240—2006《竹地板》详见附录 4。

2）地热地板除达到上述相应国家标准的规定要求外，还应达到下面行业标准：

① LY/T 1700—2007《地采暖用木质地板》详见附录 9。

② WB/T 1037—2008《地面辐射供暖木质地板技术和验收规范》详见附录 10。

6. 地暖地板在铺设前对地面有何要求？

地暖地板铺设于地面构造层的找平层上，因此对地面必须保证具备以下几方面：

(1) 平整度好。用 2m 靠尺测定时，其允许偏差应≤3mm。

(2) 干燥。用含水率测定仪测试应＜当地含水率 2%。

(3) 干净。

(4) 强度好。特别是采用胶粘结的铺设方法时，其强度要求更高，否则地板将会将找平层水泥拉起，形成脱层。

7. 地暖地板铺设在水地暖系统装置上时，铺设前对地面必须做哪些检查？

（1）地暖地板在铺设前，铺装工人要先向客户确认：① 地暖系统装置是否做过调试。② 地暖系统中的管道是否做过水压测试，是否有漏水现象，是否已修好。

（2）客户在场用手枪温度计测找平层的地表面温度，并记录于书面。

（3）含水率测定仪测水平层表面的含水率应≤当地平衡含水率1%～2%。

（4）用2m靠尺测定平整度，其误差为≤3mm。

（5）地面干净无浮灰，强度好。

上述几项检查都合格，方可铺地暖地板。

8. 地暖地板铺在电地暖系统装置上时，铺设前应做哪些检查？

1）铺装工人将地暖地板铺装在电地暖系统装置之前先要确认：

（1）电地暖系统装置安装完是否做过调试。

（2）在做调试时，是否用电阻仪表测试过电地暖的总电阻。

（3）检查地面的电线导管口是否密封。

2）铺设地板的常规检查，其测试内容和方法与上题同，不再重复述说。

9. 地暖地板的背面为什么不宜敷贴铝薄膜？

铺设于地面辐射供暖的地板，无论是选用哪类的木质地板都应保证地板下的热量能通过木地板以最小的损失传递到室内，这样也就能保证热能消耗小，运行费用低。而木地板背面贴上铝薄膜虽然防潮性能较不贴铝薄膜好，但是铝薄膜也有一个功能，具有热反射作用，所以背面贴有铝薄膜的木地板在传递热量时，将会使一部分热量不向上传递却反射到下面去，所以用作地暖地板时不宜在背面敷贴铝薄膜。

10. 为什么在标准中规定地暖地板宜薄不宜厚？最适宜的厚度是多少？

木地板的热阻系数在地面装饰材料中已经是中间偏高，其中水泥地和陶瓷的热阻系数R为0.02$m^2 \cdot K/W$，而木地板热阻系数R为0.1$m^2 \cdot K/W$，与陶瓷相比差5倍，所以为弥补热阻大的缺陷要在厚度上解决，尽量使热能消耗减少。为此用于地暖的木地板厚度应在8～12mm之间，不能超过15mm。

11. 地暖地板在标准中为什么特别强调地板规格（长×宽）宜小不宜大？

木地板无论是实木复合地板、强化木地板还是竹地板都是天然材料制成，因此在干燥或养生的加工过程中，尽管每道工艺做得很精细，但它还会随着自然环境即室内的干湿变化而变化，其区别仅仅是量值的大小，加工处理好的地板其变化是微量的，按本书第一篇木材基本知识中述说的，木材干缩湿胀是木材的基本特性，它必然会使地板产生干缩湿胀现象，所以如果地板是狭窄而短的木材，内应力在地板表面出现的缺陷将被分散掉，若是长而宽的木地板，其内应力变化不匀出现的缺陷在板面上与小规格地板相比就较为明显。所以，地板宜窄不宜宽，宜短不宜长。

12. 地暖地板应具备哪些质量要求？

地暖地板在质量上应具备如下要求：

（1）传热性好

能将木地板下面地热系统装置中通过辐射和对流产生的热量通过木地板阻热最小地传入

室内。

（2）尺寸稳定性好

木地板尺寸不因受温度的烘烤而在木地板表面出现不良现象。

（3）环保性好

胶粘剂在地热装置产生的热量烘烤下甲醛释放量始终达到 E1 级以下。

（4）使用耐久性好

漆面受热不开裂。

13. 在市场上销售的木地板，哪几种木材做成地板后尺寸稳定性好？

目前在市场上木材加工成的材种中，尺寸稳定性好的有：

（1）柚木：干缩小，油漆与上蜡性能好，最适宜用于地热地板。

（2）印茄木：干缩小，结构粗糙些，但也最适用于地热地板，因其价格较适宜。

（3）硬槭木：干缩小，不易翘。

（4）重红安娑罗双：干缩小，光泽好，但结构粗糙。

（5）娑罗香：干缩小，干燥慢，纹理直。

（6）桃花心木：干缩甚小，重量中等，油漆性能好。

（7）木荚豆：纹理细而匀，性能稳定，油漆性能好。

（8）绿柄桑：干缩小，尺寸稳定性好，涂饰好。

（9）蒜果木：干缩小，结构细而均匀。

二、地暖地板铺设

14. 地暖地板铺设方法有几种？常用是哪几种铺设方法？哪一种方法最佳？

地暖地板铺设方法与普通地板铺设方法相比，要保证地暖装置所产生的热量传递过程中热阻越小越好，所以地暖地板铺设方法有三种，即悬浮铺设法、龙骨铺设法与胶粘铺设法。其中悬浮铺设法最普遍，而胶粘铺设法效果最佳，但成本最高。

15. 哪几类地暖系统装置适宜采用龙骨铺设法铺设木地板？

地暖系统装置的发热元件共有三种：发热电缆、电热膜与低温热水管。而龙骨铺设法通常用低温热水管与发热电缆。当采用龙骨铺设法而龙骨固定又采用木楔时，应在铺设发热电缆与低温热水管之前，将地面用冲击钻钻孔后把木楔塞入地面，再铺设低温热水管或发热电缆，这样可以避免误伤低温热水管或发热电缆。

16. 用于地暖地板铺设的龙骨有哪几种材料？木质材料的龙骨应达到哪些质量要求？

用于地暖地板铺设的龙骨有木质与塑钢两种材料，其中木质材料居多。

木龙骨用于地暖系统时含水率更应低于常温下铺设的含水率：①其含水率值≤当地平衡含水率 1％～2％；②木龙骨平整度应≤2mm。

17. 何谓胶粘法？为什么说铺于地暖系统装置上其铺设效果是最佳的？

胶粘铺设法又称直接铺设法，就是在地暖系统的地面构造层的找平层表面全部或部分涂抹胶后将地暖地板的背板直接粘结在地面。

其优点是：①木地板紧贴地面无缝隙，因此地面不会藏污纳垢，特别是南方地区的梅雨季节时，因有污物很容易长虫。②有效防潮，不易使地暖地板变形，所以该法优于其他铺设法。

18. 地暖地板采用胶粘铺设时，有几种铺设法？各有什么特点？

地暖地板采用胶粘铺设时，常用的铺设方法有三种，即满胶铺设法、条胶铺设法和垫层条胶铺设法。此三种铺设方法特点如下：

（1）满胶铺设法如图3-5所示。

图3-5　满胶铺设法

满胶铺设法就是将地暖系统地面构造层中的找平层全部抹上胶，然后地板粘贴。该法的特点是铺设简单，但施胶量大，成本高，满胶铺设法用胶量为650～800mL/m²。

（2）条胶铺设法是将地板胶通过胶枪注入地暖系统装置的找平层上，并使其形状似小长条状，其间距为150mm，将地暖地板长度方向的背板直接贴在横向排列的长条胶上，至少在2根条胶上。

该方法特点是操作简单，比满胶铺设法更为经济，其用胶量为200～300mL/m²，结构类似于龙骨，脚感比满胶铺设法更具有弹性。

（3）垫层条胶铺设法是在具有单面橡胶的交联聚苯乙烯泡沫垫上预留的凹槽中注入胶，背面是光滑的，将它悬浮铺在地面上。实质上它与条胶铺设法相近似，所以它除了具有条胶铺设法的特点外，还具有消音作用，脚感更为舒适。

胶粘铺设法采用的硅烷基弹性胶是瑞典博纳地板弹性胶与西卡地板胶。

19. 地暖地板采用胶粘铺设法时，其离墙的四周还要预留伸缩缝吗？

当地暖地板采用胶粘铺设法时，将地暖地板直接粘在地面就坚固了，所以对找平层地面强度要求较高，若水泥强度等级过低，地板粘接后将会把找平层的面层拉起而脱层。

当地板受室内环境的干湿度的变化而胀缩时，地板也会产生尺寸变化，但因为有胶的粘结力牵制，所以移动量的变化就小于不粘胶的地板，但还是有移动量的。所以采用满铺胶时其四周伸缩缝可适当少留。

20. 试述满胶铺设法操作规程。

地暖地板采用满胶铺设法时，地面必须达到干、平、净。

1）铺设前对地面要求进行检测

（1）地面含水率检测，可采用含水率测定仪检测，其值应≤当地含水率2%。

（2）地面平整度测定，用2m靠尺测定，其误差应≤3mm。

（3）地面强度好，地面干净无浮灰。

2）地面铺胶

（1）打开地板胶的胶盖，并用平铲将胶均匀地涂抹在靠墙边局部的地面上，用胶量约为0.8kg/m²。

（2）用齿形刮板将胶抹平，其厚度可用齿形刮板测定，当齿板上齿尖垂直站立在胶面上时的厚度即可。

3）地暖地板铺设

（1）局部地面铺完胶后，在30min之内将地板铺设在胶面上，然后用手拍打或用木槌压紧。

（2）边铺边退，在抹有胶面的地面铺设地暖地板。

（3）地暖地板铺设完24h后，才能在地板上行走。

21. 试述条胶铺设法的操作规程。

1）铺设前对地面三项测定与满胶铺设法相同，不再重复。

2）地面铺条胶

（1）打开胶罐盖，将胶倒入胶枪内，并旋紧胶枪嘴。

（2）用胶枪的孔将胶挤到地面上，并确保从胶枪挤出的胶在地面上形成三角形的小长条，其规格宽为10mm，高为8mm，每条胶条的间距为150mm，呈直线排列如图3-6所示。

图3-6　条胶铺设法

3）铺设地暖地板

（1）在30min之内将木地板铺设于条胶上，并用手拍打或木槌敲，将地板压紧在条胶上。

（2）地暖地板纵向两块连接的榫槽，最好是在条胶上，若对不上也可。

（3）地暖地板铺设完24h内，禁止任何人在上面行走或摆放物品。

22. 试述垫层条胶铺设法的操作规程。

图3-7　垫层条胶铺设法

1）铺设前对地面的三项测定与条胶铺设法相同，不再重复。

2）垫层内施胶

（1）将刻有槽的垫层平铺在地，垫层下地面应干净、平整，能保证刻槽的垫层紧贴地面。

（2）将胶倒入胶枪。

（3）用胶枪把胶注入垫层的槽中，其形状也是三角形的长条状，胶高为8mm、宽为10mm，注意不要将胶抹在垫层上，如图3-7所示。

3）铺设地暖地板

（1）施胶30min内铺设完地暖地板，并用手拍打或木槌敲击压实。

（2）铺设地暖地板后，24h内不得置放物品或上人行走。

23. 铺设地暖地板为了隔潮，是否可采用覆贴有铝膜垫层？为什么？

不建议采用覆贴有铝膜垫层。其原因为：垫层置放在木地板的背板下面，地暖系统装置也是安装在木地板下面，地暖的热量从地暖系统的发热元件通过找平层采用辐射的形式传递给找平层、垫层、木地板，然后输入室内。在传递到垫层时，因垫层覆贴有铝膜，而铝膜不仅不向上传递热量，却相反将热量反射到地面下的绝热层去，采用覆贴有铝膜垫层，会使热损失，增加耗能，所以不建议采用。

24. 木地板铺设采用的胶粘剂质量有何要求？

木地板铺设采用胶粘剂质量要求如下：

（1）绿色环保无污染。

（2）涂布性好。

（3）固化时间不能太快，即有操作时间的余量。

（4）强度好。

详见附录7“HG/T 4223—2011《木地板铺装胶粘剂》”。

25. 地暖地板铺设于平房或高楼底层时，胶粘剂与其他层的居室铺设时有什么不同？

地暖地板铺设于平房或高楼底层时，因其与地直接接触，地面潮气大，为避免地暖地板铺设后，因潮气过大而产生地板凹瓦变或开裂等现象，对其将被铺设的地面含水率必须进行测定。测定的结果若大于当地含水率时，不仅地面要做防潮措施，而且还要找出其原因。

若是因水地暖系统装置的管道或连接处不严，引起地面渗水或漏水，必须等地暖工人修理后，再做防潮处理。

其防潮措施有以下几种处理方法：

（1）若水地暖或地暖已调试完毕，可以先开启地暖系统装置，进行加温干燥。干燥几天后，再测定地面含水率，若已符合测定要求就关闭。

（2）若潮气稍大，可采用两层防潮膜，即一层防潮膜纵向排列，另一层横向排列，接缝处用防潮胶带纸密封。

（3）若潮气较大时，必须在地面再做一层防水层。

上述三种措施根据情况选择而定。

26. 地暖地板铺设前，为什么建议业主先做环保（甲醛释放量）测试？

按室内装修的顺序通常地暖地板是最后一道工序，即墙面、顶面等都已装修完毕，而且地暖地板的构造层也装修完毕。这些装修材料中都含有甲醛，而且室内甲醛量是每一种装饰材料释放出的甲醛量叠加起来的。在未安装地暖地板前，建议业主先做环保测试，如果测定出甲醛释放量已接近或超过国家有关标准规定的值，业主就要清楚，地暖地板铺设前甲醛释放量已超标，接着再铺设地暖地板，地板公司肯定不承担此责任，所以在铺地暖地板前业主应先做环保测试。

27. 地暖地板铺设后的质量，按照标准应该检测哪几项？其执行何标准？

地暖地板铺设后的质量，按照标准应该检测如下几项：

（1）检查地暖地板外观

地暖地板铺设后，其地板整体表面应洁净，无刻画痕迹，漆面饱满，无针孔等缺陷。

（2）整体表面平整

用2m靠尺测定，应≤3mm。

（3）两块地板间高差

用直尺与楔形塞尺衡量，应≤0.3mm（实木复合）。

（4）拼装离缝

采用楔形塞尺量：实木复合地板应≤0.4mm。

强化地板应≤0.4mm。

三层实木复合地板与实木地板应≤0.5mm。

（5）拼接缝隙平直度

采用5m的通直线量应≤3mm。

地暖地板铺设验收时，应按附录10“WB/T 1037—2008《地面辐射供暖木质地板铺设技术和验收规范》”标准执行。

28. 地暖地板铺设后按标准应何时验收？若超过标准规定时，应按何标准执行？

地暖地板铺设后按标准规定应在竣工后三天内验收。若超过一周后验收，应按WB/T 1037—2008《地面辐射供暖木质地板铺设技术和验收规范》中的保修期面层尺寸允许偏差值测定验收。

29. 签订地暖地板合同时，为什么在合同中一定要写入验收时间？

地暖地板无论采用哪一种类的木地板，其原材料都是木质的，只要是木质的都会随着室内干湿度的变化，木质地板的表面尺寸都会随之有微量变化，因此若不按照标准中规定的时间（也可稍长些）验收，其结果木地板的尺寸变化就会逐渐增大，问题就会产生，特别是北方地区的开放暖气季节与南方地区的梅雨季节，干缩或湿胀将会更明显，所以在签订地暖地板合同时，写入验收时间是既合法又保护本公司利益。

30. 当铺设地暖地板时，地面又潮湿，地暖系统装置又不能开启，业主急于铺设如何解决？

地暖地板铺设时，对地面干燥的要求高于普通的地板铺设。为了保证地暖地板铺设后避免产生质量问题，所以其地面含水率一定要达到≤当地平衡含水率1%～2%，若超过当地含水率，业主又急于赶工期，可采取以下措施解决：

（1）电热毯铺设于地面，在其上再盖保温材料，如棉被或其他材料通电加热。

（2）电热膜铺设于地面，在其上盖保温的棉被或其他材料通电加热。

按上述的材料通电数小时后，掀起被子将其水分蒸发后，再测地面含水率，根据含水率值，确定再按上述方法重复几次通电，一直到达到标准值为止。

31. 地暖地板采用满胶铺设法时，为什么对地面平整度要求更为严格？若地面不平整应采用何措施进行平整？

地暖地板采用满胶铺设法时，对地面平整度的要求较其他几种铺设更为严格，其原因如下：

（1）满胶铺设时，如地面不平整将会影响铺在其上地板的平整度。

（2）满胶铺设时，若地面不平整式有坑凹时，将会多释用胶量，增加不必要的成本。因此必须对基层地面进行修补，方法如下：

① 用水泥自流平材料进行地面平整度处理。

② 用水泥树脂混合物自流平材料进行地面平整度处理。

上述两种自流平材料相比，第二种自流平较好，其特点是流平性好，干燥短（施工完24h后就可以铺设木地板），强度高，但其价格较高。

32. 地暖地板采用胶粘铺设法，成本较其他铺设方法高，为什么还越来越受到消费者的青睐?

地暖地板采用胶粘铺设法较悬浮和龙骨铺设法成本高，但是在市场上还是越来越受到消费者的青睐。其原因如下：

（1）胶粘铺设法粘接受力均匀，限制木地板变形。胶粘铺设法的弹性地板胶具有弹性，可以吸收因干湿变化而导致木地板粘结层和基面间产生的横向剪切力，减少木地板变形。

（2）脚感舒适，降低噪音。弹性地板胶将地板与胶合成一体，在行走时由于木地板的弹性与胶的弹性可减少行走时脚部压力，使脚感舒适，而且也降低了脚踩在地板上的噪音。

（3）弹性地板胶和木材的导热系数相接近，因此采用满胶铺设法时传递热量均匀，能耗小。

（4）环保，无甲醛。

鉴于上述情况，胶粘铺设法越来越受到消费者的青睐。

33. 地暖地板采用龙骨铺设法时，填充层还要回填材料吗?

地暖地板采用龙骨铺设法时，地板架在龙骨上，加热管和发热电缆敷设在龙骨之间的绝热板上，已经有利于保护加热管或发热电缆，因此可以不再需要回填混凝土与石料，也就是填充层可省略，但是龙骨厚度必须大于加热管的管径，建议厚度为40mm，而且为避免损坏加热管或发现电缆，龙骨必须先敷设。

34. 铺设地暖地板时，为什么在地板下面不建议放置胶合板或细木工板?

铺设地暖地板时，在地板下面不建议放置胶合板或细木工板。其原因如下：

（1）地暖地板下面放置胶合板或细木工板，不利于地采暖系统产生的热量传递，热阻增加也就是增加了地暖供热的成本。

（2）胶合板或细木工板都用胶粘剂粘合，因此又增加了甲醛释放量的值。

（3）放置在地板下的胶合板或细木工板，若甲醛释放量超标，含水率过高，细木工板质量不好等都将会影响地板质量。

鉴于上述情况，不建议在地暖地板下放置胶合板或细木工板。

第四篇　辅助材料

第一节　三层实木复合地板采用的胶粘剂

1. 何谓胶粘剂？胶粘剂在三层实木复合地板中的作用是什么？

胶粘剂通俗地讲就是将两种物质的表面胶结而形成一个整体的材料。它有单组分与双组分。

在一定的条件下（温度）能使不同形态的木材通过表面粘胶，使其紧密地胶合在一起的物质。其具有黏附作用。

三层实木复合地板就是在三层板材涂刷胶粘剂后，经过一定压力将其胶合在一起。由于三层板材只有胶合在一起，才能保证三层实木复合地板尺寸的稳定性，才能使三层实木复合地板达到物理学性能，具有一定的静曲强度与弹性模量。

2. 三层实木复合地板在生产中常用的胶粘剂有哪几大类？又为什么脲醛树脂胶在三层实木复合地板中应用较为普遍？

三层实木复合地板在生产中常用的胶粘剂有脲醛树脂胶、酚醛树脂胶、三聚氰胺树脂胶三大类。三层实木复合地板在生产中常用的是脲醛树脂胶和酚醛树脂胶。因为这两类胶强度高，耐水性好，阻燃性能好。但酚醛树脂胶的成本高，用于具有耐水性要求高的三层实木复合地板。

脲醛树脂胶因成本低，使用方便，而且也有较高的力学强度和一定的耐水性、耐久性，缺点是在生产和使用过程中将会释放甲醛。所以现在生产三层实木复合地板企业也都纷纷采用脲醛树脂改性胶，其原材料采用低甲醛树脂，因为加工成制品的三层实木复合地板甲醛释放量低。如圣象地板集团生产的康逸三层实木复合地板采用了太尔的 prafara 树脂，生产出的三层实木复合地板甲醛释放量达到了日本农林部制定的标准 F ★★★★ 限值的要求。

3. 何谓脲醛树脂胶？为什么未经改性的脲醛树脂胶中甲醛已聚合还会有甲醛释放？

脲醛树脂胶是尿素和甲醛在催化剂的作用，经加工和缩聚反应生成的高聚物。

脲醛树脂胶释放出甲醛的原因有以下几方面：

（1）脲醛树脂胶中还有一小部分未参与化学反应的甲醛将会释放。

（2）在一定条件下，脲醛树脂胶固化过程中还会增加甲醛的析出量。

（3）三层实木复合地板或其他制品中已固化的脲醛树脂还具有长时间缓慢降解而释放出甲醛。

鉴于上述几种原因，所以在三层实木复合地板采用脲醛树脂胶在生产过程和使用过程中还会释放出甲醛。

4. 何谓甲醛、甲醛释放量？测定三层实木复合地板甲醛释放量有几种方法？

甲醛，化学式为 HCHO。无色气体，有特殊的刺激气味，对人眼、鼻等有刺激作用。

甲醛水溶液可使蛋白质变性，被广泛用于杀菌剂。甲醛经皮肤吸入很少，而是经呼吸道吸收，经鼻吸入的甲醛 93%滞留在鼻腔组织中。若长期高浓度吸入时，人会出现呼吸道严重的刺激，造成呼吸道阻力增高，肺功能异常。因此为保护人身健康，国家限定制品的甲醛释放量。

测甲醛释放量就是将含有甲醛的成品通过国家规定的测试方法，测出成品的甲醛含量或释放到空气中的甲醛含量。

根据国家规定测甲醛释放量有三种方法，即：①穿孔萃取法；②气候箱法；③干燥器法。

5. 何谓穿孔萃取法？其国家规定甲醛释放量值为多少？

穿孔萃取法是最早开发的人造板甲醛释放量的一种测定方法，它是100g绝干的试件中用萃取法取出的甲醛的毫克数，国家限定值≤9mg/100g。

6. 何谓气候箱法？按其法测定，国家标准甲醛释放量的限定值是多少？

气候箱法就是将试件置放于规定的温度、湿度、空气流速的箱内，试件向空气中释放达稳定状态时的甲醛量，国家限定值≤0.12mg/m³。

7. 何谓干燥器法？按其法测定时，国家标准甲醛释放量的限定值是多少？

干燥器法就是将试件置放在清洁的干燥器内，在其底部放置一定数量的蒸馏水中的甲醛量，国家限定值≤1.5mg/L。

8. 穿孔萃取法为什么在实木复合地板新标准中不采用？GB/T 18103—2013《实木复合地板》中采用何种方法测定甲醛释放量？

穿孔萃取法是欧洲人造板最为发达地区最早采用的甲醛释放量测试方法，因此中国早期GB/T 18102—2000《浸渍纸层压木质地板》与GB/T 18103—2000《实木复合地板》的国标中都是采用此法，但是随着人们环境意识增强发现即使该木制品测定的游离甲醛值很高，但由于该木制品四周密封好，实际它的甲醛释放率却很小，所以穿孔萃取法测定的结果值，不能准确反映对环境污染的真实情况，所以现在的强化木地板、实木复合地板标准对甲醛释放值一律都不采用穿孔萃取法，而都采用干燥器法，其最高限定值≤1.5mg/L。

9. 我国卫生部门规定人们居室中的标准中对室内甲醛释放量最高限值是多少？其他有害值控制多少？

根据国家标准GB 50325—2010《民用建筑工程室内环境污染控制规范》的规定，对甲醛释放量最高限值≤0.08mg/m³，其他涂料中产生有害气体：苯≤0.09mg/m³，T_{Voc}≤0.5mg/m³，石材中氡＜100Bq/m³。

10. 三层实木复合地板所用的胶粘剂基本质量要求有哪些？

三层实木复合地板所用的胶粘剂基本质量要求是：①胶粘剂对木材无腐蚀性或破坏性。②具有适当的黏度和流动性，对木材表面具有良好的保湿性。③胶层固化后能达到所要求的力学强度和一定耐老化性能。④使用方便，固化时间短，不仅在高温、高压下固化，而且也可在常温下固化，价格低。

11. 何谓固体含量？其标准值应多少？

固体含量是胶粘剂中非挥发性物质的重量百分数。固体含量对不同木制品是不同的，太高将会施胶不均匀，若固体含量太低将会增加热压时间，所以通常三层实木复合地板固体含量为55.0%～67.0%。

12. 何谓黏度？其标准值应为多少？

黏度是反应液体内部阻碍相对流动的一种特性，阻力越大，黏度则越大，它的大小与温度成反比例的关系。温度越低黏度越大，温度越高黏度越小。黏度小时就容易渗入三层实木复合地板的每层板材内部，但其在板面上胶相对减少而降低强度，但黏度大就要影响施胶均匀性。因此其黏度值为 200MPa·s 左右。

13. 何谓 pH 值?

pH 值就是氢离子浓度以 10 为底的负对数值。而且以 pH 值为 7 时，是界限值当 pH≈7 中性，pH<7 时为碱性，pH>7 时为酸性。对氨基类树脂要酸性介质中固化，在中性介质中比较稳定，所以 pH 值是一项很重要的质量指标，它关系到脲醛树脂贮存稳定性和固化时间，通常脲醛树脂胶 pH 值为 7.5～8。

14. 当三层实木复合地板在不同地区（城市）的检测机构所测的甲醛释放量值不相同，对该产品又有争议时，采用何种测定方法进行仲裁检测?

当三层实木复合地板在不同地区（城市）的检测机构所测的甲醛释放量值不相同，相互之间又得出不同的测试值，因而发生争议不能确定哪个测试值为不正确时，国家规定再用 $1m^3$ 的"气候箱法"进行仲裁检测，该方法测出的值为确定值。

第二节　三层实木复合地板采用的涂料

一、涂料的基本知识

15. 三层实木复合地板通常采用哪几类表面装饰涂料?

在涂料工业中，涂料的种类有上千种，但是木地板表面层采用的涂料因其特殊要求，即环保性、耐磨、生产效率高（批量生产）、高强度。因此目前通常用于三层实木复合地板或其他木地板表面装饰的涂料有 UV 光固化、PU、PE 涂料，目前还有继续开发和使用的水性涂料与木腊油。

16. 为达到三层实木复合地板表面装饰效果，选用涂料时应达到哪些基本要求?

涂料的性能主要包括使用前的性能与使用性能。使用前的性能主要是基本性能。基本性能是指涂料的性能，通俗讲就是油漆的性能，主要包括密度、色彩、透明度、结合性、贮存稳定性、固体成分含量和有害物质含量。

（1）密度：根据密度大小，可以了解涂料桶装时的单位体积的质量，也可以计算出单位面积涂料的耗用量。

（2）色彩：在灯光照射下，将含有颜料的清漆与一系列标准色的溶液进行比较，色深的清漆含有杂质，导致透明度降低。

（3）透明度：透明度对清漆是一项重要技术指标。如果透明度过低，会影响漆膜光泽，并延长涂层干燥时间。在实际生产中透明度的测定方法为，先将整桶涂料上下搅动，看涂料是否保持一定的透明度。

（4）结皮性：结皮性是检查涂料在密闭桶内或开桶后使用过程中的结皮现象。实际应用中，开桶后的结皮现象是不可避免的，但是尽量减少结皮现象。

（5）贮存期稳定性：它是检查涂料在密桶内贮存过程中质量稳定性。涂料生产后往往可贮存几个月甚至超过年。因此不可避免地生产沉淀结皮、变稠等病态，如果这些变化超过允许的限度，将会影响漆膜质量造成浪费。

（6）固体成分含量：固体成分含量是涂料生产中一项重要质量指标，通常用百分数表示。

（7）有害物质含量：这是环保健康绿色建材的基本要求，具体要求见附录15“国家标准GB/T 18581—2009《室内装饰装修材料溶剂型木器涂料中有害物质限量》”。

17. 试述三层实木复合地板选择表面装饰涂料时的施工性能？

涂料的施工性能好坏，将会直接影响到地板涂饰后的漆膜质量。涂料的施工性能主要包括黏度、流平性、砂磨性、使用量等。

（1）黏度：它是使涂料流得快与慢的一种量度，如果黏度大涂料流得慢，如果过大，就会在地板表面产生刷痕或辊痕；如果黏度过小，在地板表面会产生流挂现象。

（2）流平性：它是指涂料涂布于板面，经过一段时间后观察涂层的平滑程度。

（3）砂磨性：砂磨性就是用砂纸砂磨漆膜表面后观察，合格漆膜表面不能产生过硬、过软、发热，也不能产生局部破坏等现象。

（4）使用量：涂饰单位面积地板所需要的涂料数量，单位是g/m^2。

18. 三层实木复合地板表面装饰涂料在标准中对漆膜有哪几项指标？其值是多少？

根据GB/T 18103—2013《实木复合地板》国家标准中对漆膜有四项标准要求，即①表面耐磨≤0.15g/100r，且漆膜磨透；②漆膜硬度：≥2H；③漆膜附着力，通过割痕交叉处允许有漆膜剥落；④表面耐污染痕迹。

19. 何谓漆膜附着力？在生产中如何保证漆膜的附着力好？

漆膜的附着力是指漆膜与被涂漆的地板表面能牢固地结合。附着力好就能保证地板表面的漆膜经久耐用；附着力不好的漆膜就容易使漆面开裂、脱皮等不良现象产生。在辊涂或刷（喷）涂时，为保证地板不会出现附着力差而引起脱皮、开裂现象，应注意以下两点：

（1）地板上油漆线前必须保证白坯地板的含水率≤15%。

（2）漆在地板表面的漆膜不宜太厚。因涂层过厚，涂层的收缩力将会抵消涂膜垂直表面方向的附着力，而出现附着力差引起脱皮。

20. 三层实木复合地板表层的漆膜为什么既要硬度又要柔韧度？

三层实木复合地板表面承受人和物的压力，因此要求漆膜硬、硬度高，则表面机械强度高，不怕磕碰划伤，但是其硬度也不宜太高，还应具有一定的柔韧度即弹性。漆膜之所以需要一定的柔韧度是为了适应地板的变形，木地板由于室内干湿度变化会使木材发生不同程度的尺寸变化，若过分坚硬而没有一定弹性的漆膜，就不能随着地板的胀缩变化，就会把油漆膜拉断、开裂。

21. 三层实木复合地板表层漆膜的耐磨性用何参数表示？其值应多少？

三层实木复合地板是铺在地面承受人们来回踩踏，所以对漆膜有耐磨性的要求，是三层实木复合地板的最基本要求。因此在漆膜的理化性能中是很重要的一项指标，在国家标准GB/T 18103—2013《实木复合地板》中用磨耗值这个参数来表示，其值为0.15g/100r。

22. 实木复合地板标准中规定的磨耗值与强化木地板标准中耐磨转数表示有何差异？

实木复合地板表面漆膜抗磨能力的指标是用磨耗值计算，是以一定粒度的研磨轮与漆膜表面相对摩擦一定转数后的漆膜磨失量来表示。而强化木地板装饰标准中所示的耐磨转数，虽然也是表示耐磨程度，但它是研磨轮数与强化木地板装饰纸相接触进行研磨，将其磨耗至装饰纸花纹出现破损点的转数。所以同样都表示耐磨，其差异前者是表示漆膜损失量，后者是表示破损时的转数。

23. 何谓光敏涂料（光敏漆）？为什么三层实木复合地板油漆线极大部分都采用光敏涂料？

光敏涂料（光敏漆）亦称光固化涂料（ulteaviklet），缩写为UV，故称为UV漆。UV漆是属于不饱和聚酯树脂漆的范畴，此类漆的漆膜必须经过紫外线的照射才能固化成膜。国外在上世纪60年代末兴起，我国从上世纪70年代开始研制应用，至今国内地板企业油漆生产线都应用光敏漆，其原因是：

光敏漆是一种无溶剂型漆，低毒、环境污染小，所以它被国家环境认证中一项指定产品应用，其组分中的固体成分含量非常高（95%以上），涂层干燥迅速甚至几十秒钟就能快速固化成漆膜，生产率非常高，有利于实现机械化、自动化连续流水线作业，而且漆膜坚韧、硬度高、光泽好，所以被地板企业大量应用。

24. 何谓PU漆？它应用于哪种类型地板？

PU漆就是聚氨酯漆（Polyure thane Finishes）缩写为PU，属于羟基固化型聚氨酯树脂漆。它是我国木地板行业中仅次于UV漆的一种漆，自成一个系列：有PU聚氨酯漆底漆、PU饰面漆、PU封闭漆。PU漆的漆膜坚硬耐磨，耐磨性是各类漆中最为特出的漆种，而且附着力大，漆膜经抛光后极为平整、光滑、透明度高，具有镜样光泽，所以PU漆在地板装饰中属高档的漆种。

它因有自身系列的封闭底漆，因此可使用在具有内含物木材做成的地板，如柚木、香脂木豆等材种地板的表面装饰涂料。

PU漆缺点是生产时有刺鼻的有害气体，因此加工时必须通风排除。

25. 何谓PE漆？其性能特点有哪些？

PE漆是用不饱和聚酯树脂作主要成膜的一种漆，聚酯树脂（polyesterresin）缩写为PE，故称为PE漆。它用在我国木制品表面涂饰上约上世纪60年代中期用在高档家具、钢琴等高档产品。木地板随着科技发展逐渐应用于地板饰面，具有流平性好，涂刷方便可以刷或喷，喷涂后漆面清澈晶莹，因此企业称其为钢琴漆，漆膜也是坚硬耐磨，但其缺点是当地板采用的木材有内含物时，会影响漆膜的固化。所以使用有局限性。

26. 试述光敏涂料有哪几部分组成？

光敏涂料（光敏漆）的基本组成有涂料树脂、活性稀释剂与光敏剂三部分组成，除此之外根据需要加入其他添加剂、如填料、流平剂、促进剂、稳定剂等。

其中涂料树脂（也称光敏树脂）是光固化涂料中的主要成分，它决定涂料的性能。光固化涂料所用的树脂，必须保持游离基聚合反应的官能团，也就是必须具有可进行聚合的双键，因此光敏树脂有不饱和聚酯、丙烯酸聚氨酯，其中丙烯酸聚氨酯具有一系列优良的物理机械性能，附着力好。

27. 光敏涂料中光敏剂起何作用？

光敏涂料中的光敏剂也称为紫外线聚合引发剂。光敏树脂与活性稀释剂之间的共聚反应也是游离基聚合反应。当用紫外光照射光敏涂层时，光敏剂吸收特定波长的紫外光（通常 200～400mμm），其化学键被打断，使树脂与活性稀释剂中的活性基产生连锁反应，迅速交联成网状结构而固化成膜，这个过程通常仅在几十秒，最多也不超过 2min 就完成。

28. 试述 UV 光固化涂料（UV 漆）的涂刷工艺？

UV 漆亦属无溶剂型漆，使用喷、淋、辊、涂均可，底漆一般以辊涂为好，面漆以淋漆为佳。涂饰工艺如下：

三层实木复合地板白坯用砂光机砂光→清除木屑→底漆第一次辊涂→紫外线固化→漆膜砂光→底漆第二次辊紫外线固化。

上述涂饰工艺根据各企业使用面漆、底漆的涂饰遍数不同，可适当增加底、面漆辊淋设备。

29. 为什么三层实木复合地板表面涂刷 UV 漆，其漆膜为什么几十秒就能干？

UV 漆（光敏漆）漆膜干燥快的原因是：

（1）光敏漆中有光敏剂。

（2）涂刷线中具有紫外线辐射装置。

UV 漆的流水线一般由涂漆设备、紫外线辐射装置两大主要部分组成，通过运输装置联接起来。

当涂有光敏漆的三层实木复合地板通过运输装置送入装有低压汞灯、高压汞灯的辐射装置时，预固化区与主固化区的汞灯发射紫外线波长被光敏漆中的光敏剂吸收，引起聚合反应，这样也就使地板表面的涂层在几十秒内就被固化干燥。

30. UV 漆（光敏漆）涂饰生产流水线是由哪几部分设备组成？相互间如何连成生产线？

光敏漆涂饰设备（亦称光固化设备）主要由淋漆机、紫外线干燥设备、传送装置、操作控制台等构成。如图 4-1 所示为光敏添涂饰设备的构造示意图。

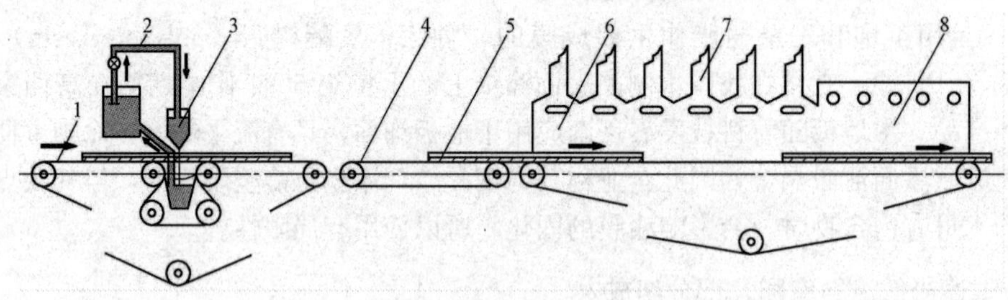

图 4-1　光敏漆涂饰设备的构造示意图

1—传送带；2—涂料循环装置；3—淋漆机头；4—缓冲传送带；5—地板；6—预固化炉；7—吸风口；8—主固化炉

光敏漆涂饰设备涂饰工件时，先由传送带 1 将地板输送到淋漆机头 3 从机头底部缝隙中淋下漆幕，再进入运行速度减慢的缓冲传送带 4，送地板 5 进入预固化炉 6，此时涂层已经基本流平，而且其漆膜已开始固化，最后再进入主固化炉 8，使地板的表面形成薄而均匀干燥的漆膜。

设备中紫外线光干燥设备与淋漆机是该生产线中主设备，淋漆机与通用的涂漆机相似，而紫外线干燥设备属于关键设备，主要有紫外线照射装置、紫外线隔离装置、冷却装置、排气装置、空气净化装置等组成。

31. 地板涂料 PU 聚酯漆与 PE 聚酯漆有何差别?

近年来我国木地板业的发展促进了木制品涂刷行业的发展，聚酯类漆也就应运而出。按涂料标准分，PU 漆应属聚氨酯漆类，而 PE 漆应属聚酯漆类。但是市场上把这两类漆统称为聚酯漆是不够准确的，实际上从性能、应用等方面两者是完全不同的，一般消费者难以从外观上加以区别，虽然有差异，但是这两类漆都是木地板漆中的上品。其区别见表 4-1。

表 4-1　PU 聚酯漆与 PE 聚酯漆的差别

	PU 聚酯漆	PE 聚酯漆
组成基料	聚酯、丙烯酸树脂、聚醚、环氨树脂等	不饱和聚酯树脂，交联单体
溶剂	醋酸丁酯，环乙酮、二甲苯	苯乙烯等
固体含量	40%～70%	95%～99%
组成数	单组分、又组分	4 个组分
配漆使用期限	较长 4～8h	很短 15～20min
固化条件	可常湿气干或低温（50℃）烘干	传统避氧聚酯需隔氧干燥，新型气干聚酯不必隔氧干、可气干。
施工卫生条件	属溶剂型漆，漆中含 30%～60%有机溶剂，涂饰后需全部挥发、有味有毒，环境有污染，易燃易爆，需加强通风	属无溶剂型漆，漆中所含部分溶剂，涂饰后与不饱和聚酯发生共聚反应，共同成膜，基本无有害气体挥发
干燥时间	表干 15～20min 打磨 3～4h 实干＜24h	表干 30～40min 打磨 6～10h 实干＜24h
重涂间隔	可采用湿碰湿工艺	可采用湿碰湿工艺
性能	漆膜具有优异的综合理化性能	漆膜具有优异的综合理化性能，还具有无溶剂型漆独特的特点

32. 何谓湿碰湿工艺？何种涂料采用湿碰湿工艺？

在涂饰生产工艺中选用某些聚合型漆连续涂饰多遍时，同时又选用同类漆种。为使其每层漆膜能很好交联达到良好的附着力，采用每道漆涂饰时，在上一道的涂层未全干燥即表干里不干的情况下进行涂饰，称为湿碰湿工艺。如聚氨酯类漆，即 PU 漆、PE 漆，皆采用湿碰湿工艺方法涂饰。

33. 何谓亚光漆？具有何特点？

亚光漆相对亮光漆而言，亚光漆的漆膜基本没有光泽，或只有微弱的近似蛋壳的光泽，这种漆称为亚光漆。

它是用各种树脂作为主要原料，加入适量的消光剂或选择亚光树脂，经过充分搅拌均匀后制造成为的一种新型液体涂料。

它的特点是，手感细腻滑爽，富有材质感，无强烈刺眼的光泽，其涂层干燥结膜快，厚薄均匀，漆膜耐热，耐水，耐酸碱性好等。但是漆膜表面与其他物体摩擦，容易使突出的消光剂磨平，产生漆膜亮光，同时漆中的消光剂又存在于漆膜表面，所以与亮光漆膜相比，其漆膜强度低于亮光漆膜。

34. 为什么涂饰面漆前，一定要进行封闭底漆涂刷?

在木地板表面形成漆膜，要多次涂饰底漆与面漆，而用于下面几层打底的涂料称为底漆。

封闭底漆的作用是，将封闭底漆渗入木材内部形成膜，就可阻止木材吸湿和散湿，因此也就可改善木材中的水分、分泌物、油脂等成分的液体渗出，否则就影响漆膜的附着力。

为了保证封闭底漆良好地渗入木材内部，在选择封闭底漆时，必须使用低固含量（通常采用5%～10%）与低黏度（约10～11Pa·S涂-4杯）的底漆。

35. 何谓漆膜硬度？三层实木复合地板的漆膜越硬是否越耐磨？用何方法测定?

漆膜硬度是指涂膜对于外来物体侵入涂膜表面所具有的阻力。

漆膜硬度决定于涂料组成中成膜物质的种类，一般含硬树脂较多的漆膜较硬。

三层实木复合地板硬度较高，它能承受人在其表面行走时摩擦。所以漆膜硬度高，其表面机械强度高，坚硬耐磨能经受磕碰划。但是过硬的漆膜柔韧性差，冲击强度低容易脆裂，影响附着力。所以地板硬度有个极限值。

测定漆膜硬度可用摆杆硬度计，也可用铅笔硬度的H数表示。

36. 何谓固体分含量？选购涂料时，是否所有涂料都应该选择固体分含量高的涂料?

固体分含量是指液体涂料中能留下来干结成膜的不挥发分，它在整个液体涂料中的质量比例即为固体分含量，常用百分比表示，固体分含量可用下式表示：

$$S=\frac{m}{M}\times 100 \qquad (3-1)$$

式中 S——固体分含量，%；

m——固体分质量，g；

M——涂料质量，g。

一般说，涂料的固体分含量越高越好。固体分含量高的涂料，所需涂刷的遍数少，固体分含量高的涂料所含挥发性溶剂就相对低，施工时有害气体污染也少，如光敏漆、PE漆，其固体分含量均在95%以上。但是在选购封闭底漆时，如上述题所述说的，它对固体分含量要求就低，仅5%～10%，若固体含量过高，将不能渗入木材内部。

所以选择三层实木复合地板面漆时，固体分含量应高，而底漆时不能选择固体分含量高的漆种。

37. 为什么有的三层实木复合地板采用UV光固化涂料，有的采用PU漆或PE漆?

三层实木复合地板表层板采用的材种可多种，不同的材种材性不同，有的材种含有内分泌物多，而且还具有油性。油性过大通常UV光固化漆涂饰附着力差，为此采用PU漆或PE漆将其内分泌物用封闭底漆封住，这样使面漆涂饰时有良好的附着力，如常用的材种柚木、蚁木（俗称依贝）、重蚁木（俗称喇叭秋）、龙脑香（俗称克隆）、香脂木豆、木荚豆（俗称金车花梨）等木种，为使其漆膜达到良好效果采用PU漆。

二、三层实木复合地板表面涂层常见问题与产生原因

（一）漆膜常见问题与产生原因

38. 三层实木复合地板表面涂饰后，其表面常会出现哪些缺陷？

三层实木复合地板表面涂层工艺不当，常见的涂刷缺陷：有表面起泡（气泡）、咬底、泛白、木纹不清晰、针孔、橘皮、回黏、裂纹、渗出、白斑、不干、显疤、起霜等。

39. 打开三层实木复合地板包装箱后，发现有小部分板面有凸起小圆泡，这是什么现象？产生的原因是什么？

打开三层实木复合地板包装箱后，发现板面的漆膜表面凸起，甚至有大小不一的中空球状体。这是涂料在涂饰过程中或涂饰后所发生的一种状态，业内称为起泡（俗称气泡）。它的产生的原因如下：

（1）在操作时油漆车间内环境温度过高，湿度过大。

（2）地板坯料含水率过高，潮气透入漆膜，且聚集在附着力不佳的面上。

（3）涂料黏度过高，溶剂和稀释剂使用不当，或用量过多，或稀释剂中含有水分。

（4）一道涂层过厚，且前一道涂层（腻子、底漆）尚未干透，就急于涂饰后一道涂层。虽然前一道漆膜表面已干，但是其稀释剂未全部完全蒸发，因此将漆膜顶起。

40. 为什么有的地板表板会出现木材纹理不清晰的现象？

造成木纹不清晰的现象，甚至严重的不仅是纹理不能清晰地显现出来，甚至还会显现出浑浊不清的现象。这种现象是涂料在涂饰时或涂饰后所遇的一种不良现象，其原因是：

（1）油漆在操作室的温度过低、湿度过高的环境下操作。

（2）清漆中含有水分、杂质或放置在过冷的环境中成膜物质析出，这样就造成油漆的透明性较差。

（3）渗入颜料的清漆储存时间过长、颜料下沉，造成上浅下深；使用时搅拌又不透，造成不均匀，所以有的木纹清晰，有的木纹不清晰。

41. 为什么有的三层实木复合地板，开包铺设时会发现有的板面上出现类似针孔的点，其原因是什么？

在地板面上仔细看有类似把针扎过的小孔，类似火山口，且中心到底层有一系列小穴的现象，这种现象在业内称之为针孔。其产生的原因如下：

（1）油漆车间室内环境不清洁，空气中含有粉尘。

（2）固化剂加入量过多。

（3）涂料黏度过大，稀释剂不佳，造成挥发不平衡。

（4）涂料中混入水分，潮气过大，尤其是 PU 漆在搅拌时最易发生。

（5）木材底层封闭不好，局部地方的管孔未能填实，形成细小的深穴内的漆液不能填平孔眼，反而被覆盖穴内的空气向外挤出。

42. 为什么有的三层实木复合地板拆包时或使用中发现部分地板有黏手现象？

地板表面手摸时有发黏现象，在专业上称为回黏，其原因如下：

（1）地板进入油漆线前（或涂刷前），地板表面还残留有木材内分泌物或其他杂质，未

彻底砂干净就开始涂饰面漆，在涂层干燥过程中，这些残留物慢慢向漆膜渗透，影响漆膜干燥。

（2）在涂饰过程中受到水分、潮气等作用，致使涂层的漆膜不干燥。

（3）底、面漆配比不合适，底漆干燥时间慢，面漆干燥过快，因此造成未干透。

（4）涂层过厚，并且受到阳光暴晒，使底漆不干而面漆干。

43. 何谓漆膜橘皮现象？为何产生此现象？

橘皮就是指涂层干燥后，漆膜表面不平整，呈现许多凸起的半圆形状类似橘子皮疙瘩的现象，严重影响漆膜的美观，其产生原因如下：

（1）固化剂加入过多，使漆膜过早固化。

（2）油漆操作室温度过高又通风过大。

（3）室内潮气过大，漆液受到水和潮气的作用，影响涂层干燥结膜。

（4）双组分调制漆液过程中底、面漆配比不当，底漆干燥时间比面漆干燥时间快。

（5）涂料黏度过大，稀释剂用量过少，流平就差。

44. 何谓漆膜“发笑”？产生漆膜“发笑”的原因是什么？

“发笑”形状就是缩孔，因此俗称缩孔。它是指涂层干燥后，漆膜表面部分收缩，呈锯齿状或圆球状的不规则，凹坑就好像水洒在蜡纸上面，斑斑点露出点漆，类似人笑时的面纹现象，严重影响漆膜美观。其产生原因如下：

（1）木地板中内含的油脂过高。

（2）漆质不佳，漆液中含硅油类流平剂、消平剂等量过多或混入水分。

（3）溶剂或稀释剂使用不当，挥发过快，漆膜尚未流平，就产生收缩。

（4）双组分漆调配时搅拌不均匀，就急于进行涂饰。

（5）前一道面漆或底漆上沾染汗迹、油污等杂物，或受到烟熏，使后一道涂层受到污染，不能附着。

（6）底层填孔不严密，前几道漆膜以管孔方向呈现缩孔状，造成面漆塌陷。

45. 为什么有的三层实木复合地板使用不当板面漆膜出现裂纹？其原因是什么？

在地板表面的漆膜上出现各种形状与长短不一的裂纹，称为裂纹。出现裂纹的木地板影响装饰美观。其产生原因如下：

（1）漆膜过硬。

（2）涂料配方中增塑剂不足，软、硬树脂搭配不当。

（3）涂料中催干剂用量过多。

（4）底面漆不配套，面漆比底漆硬，两层漆的伸缩力不一致。

（5）三层实木复合地板的板面含水率过高，基材干缩过程中地板开裂，导致漆膜开裂。

（6）涂料中引发剂过量。

（7）油漆车间的操作室冷、热温度反差太大。

46. 为什么在涂料涂刷过程中，置于漆桶中的油漆会逐渐变厚？如何预防？

在涂料贮存过程中，涂料黏度逐渐增高，直至胶状结块。其原因：

（1）容器不完全密闭或装桶未满，部分溶剂挥发，氧气进入，促使涂料胶化。

（2）贮存涂料的库房温度过高，或受到日光照射，或放于加热器旁。

（3）溶剂选择不当，使用了溶解力不强的稀释剂。

为了防止变厚，采取以下预防措施：① 在操作过程中容器应密闭，开桶使用后一定要密闭好，最好桶装涂料在一周内用完。② 避免贮存场所温度过高。③ 选用溶解力强的溶剂。

（二）UV 光固化涂料中常见问题及解决方法

47. 为什么三层实木复合地板从 UV 光固化涂料生产线出来后，有的木地板面板的前端会出现漆面凸起？如何解决？

地板面板漆膜前端出现凸起现象，操作工称为堆头。造成此现象的原因如下：

（1）涂料黏度过大。

（2）涂布量过多。

（3）正、逆转辊高度调节不合适。

（4）地板面板厚薄不匀，或者表层扭曲变形。

解决方法：

（1）降低涂料黏度或适当升温。

（2）调整正、逆辊的高度。

（3）检查表层平整度。

48. 为什么 UV 光固化涂料生产线涂饰后发现有的三层实木复合面地板漆漆膜不均匀？其原因与解决的方法是什么？

造成三层实木复合地板面漆漆膜不均匀的原因有以下几方面：

（1）地板本身变形不平整。

（2）地板在砂光时，厚度公差大。

（3）由于设备因素造成，即胶轮局部有磨损。

解决方法：

（1）调整砂光机。

（2）换新胶轮。

49. 为什么 UV 光固化涂料生产线涂饰后发现有的三层实木复合地板的表层漆膜出现横纹？其原因与解决的方法是什么？

地板面板的漆膜出现横向纹印，其原因是：

（1）地板面板进入 UV 漆生产线之前地板已经变形，或者是地板面板不平整已出现了波浪形。

（2）胶辊有磨损。

（3）涂布辊高度调节不合适。

解决方法：

（1）换平整的三层实木复合地板。

（2）换新胶轮。

（3）调节涂布辊高度。

50. 三层实木复合地板在 UV 光固化涂料生产线上涂饰亚光漆时，出现同一块地板或不同块地板面板光泽不匀，其原因是什么？如何解决？

三层实木复合地板在 UV 光固化涂料生产线上涂饰亚光漆时，出现同一块地板或不同块地板面板光泽不匀，有设备的因素，也有操作不当的因素。其原因是：

（1）涂料搅拌不均匀。

（2）板面上涂布速度不一致，导致涂布量不均匀。

（3）紫外线灯与板面之间距离调节不当。

（4）地板面板厚薄有公差。

解决方法：

（1）涂料使用前搅拌均匀。

（2）控制进料速度，使涂布量一致而且均匀。

（3）调节灯距，若灯与，面板距离近，则光泽高；反之，则光泽低。

（4）调整地板平整性。

51. 三层实木复合地板进入UV光固化生产线，出板时发现面板漆膜有小空穴，其原因和解决的方法是什么？

三层实木复合地板面板的漆膜出现小空穴，除了在漆膜常见问题中提到的底层漆封底不严实原因外，在UV光固化涂料生产线中还有一个原因是在涂料中掺入了洗设备的水。根据这两个原因解决的方法分别是：

（1）重新封底。

（2）在清洗设备时，千万小心不要把洗设备的水或其他细小的杂物掺入桶中。

52. 三层实木复合地板从UV光固化生产线出来，发现面板有小黑点，其原因和解决方法是什么？

三层实木复合地板从UV光固化线出来，发现表层有小黑点，其原因是：

（1）底板砂磨后除尘不干净。

（2）封底漆封得不严密。

（3）打磨过度。

根据上述原因，找出相应的解决方法：

（1）重新封底漆。

（2）检查砂光机磨砂量，严格控制其打磨的量。

三、地板板面色泽处理

53. 为什么有的三层实木复合地板表层板材需要漂白处理？

树木是一个有生命的活体，在自然条件下生长，受到气候、阳光、土壤等外界因素影响，它的结构、颜色、材性不仅因树种而不同，即使是同一树种中不同部位颜色的深浅差异也很大，如芯材较边材颜色深，晚材较早材颜色深，除此之外木材的颜色长期受阳光，特别是受紫外线的作用，甚至受到真菌感染，都会产生颜色的改变，光变色使加工成地板的面板颜色不均匀、深浅不一，大幅度降低了木材表面的美观和自然视觉的效果，严重地影响了消费者选购地板的心理取向，也相应地降低了地板价值，所以对变色大的板材，为了提高其价值要进行漂白处理，使其色泽均匀。

54. 试述漂白处理的原理。

木材漂白是氧化还原反应在木材面板的具体应用。它是将木材中的发色基团或助色基团与着色有关的组成部分，采用漂白剂进行氧化还原，降解破坏木材中能吸收可见光的发色基团，如C═OC═C和封闭助色基团（－OH）的具有氧化性或还原性的化学药剂，就能产生漂白的脱色作用。

55. 常用于木材的漂白剂有哪些？

常用木材的漂白剂有：

（1）过氧化氢（H_2O_2），它又称双氧水，使用的配方液如下：

① 将35%的过氧化氢与醋酸1∶1比例混合涂于木材表面。

② 将35%过氧化氢中加入无水顺丁烯二酸，待完全溶解后，涂布于木材表面。

③ 将35%的过氧化氢与28%的氨水使用前等量混合，涂布于木材表面。

（2）亚氯酸钠（$NaClO_2$）

亚氯酸钠是典型的氧化型漂白剂，纯净的亚氯酸钠为无色结晶粉末，易溶于水。在使用时配方液如下：

① 碱性亚氯酸钠。加入有机酸、弱无机酸或铝盐、锌盐、镁盐等不加热混合使用，即可获得良好的漂白效果。

② 亚氯酸钠200g、过氧化氢20g、尿素100g，三者混合均匀涂于木地板表面，这个配方对山毛榉、柞木、白蜡木等材种效果良好。

除了上述两种外，还有次氯酸钠（NaClO）、亚硫酸氢钠（$NaHSO_3$）、草酸（$H_2C_2O_4$）作为漂白剂。

56. 影响漂白效果的因素有哪些？

影响漂白效果的因素有：

（1）树种

树种不同，木质素的含量、结构及其抽提物的成分、含量差异很大，故同一漂白剂对不同树种漂白效果不一，如H_2O_2对桦木、竹木易漂白，对桃木就差些，对于柳桉和柚木的处理时间就要更长些。

（2）漂白剂种类

漂白剂一般对木材材种有选择性，故应根据树种选择相应漂白剂。

（3）漂白液浓度、温度与处理时间

一般来说，漂液浓度越高，漂白效果越明显，效率也越高，但是浓度太大，反应过快，会出现漂白效果不均匀现象，影响漂白质量。

（4）pH值

漂液pH值大小取决于漂白剂的种类，如H_2O_2，一般需在碱性条件下才能起到良好的漂白作用。NaClO和$NaClO_2$一般要在酸性条件下才能起到良好的漂白作用。

（5）稳漂剂

有些漂白剂的有效作用很短如H_2O_2，因此须加入稳漂剂，如焦磷酸钠、硅酸钠、醋酸等，使其延长使用时间，又有的因漂白木材厚度渗透性差，就要加助渗透剂，如氨水和乙醇等。

57. 在保管加工或使用过程中，木地板面板常会发生色变，其原因是什么？

三层实木复合地板在加工或使用过程中，经常会发现地板局部颜色与原来的木材颜色有差异，甚至有的很明显。其产生的原因由以下一种或者几种：①木材微生物（木材腐朽菌、木材变色菌、真菌等）寄生在木材上，常常会引起木材的颜色变化，甚至还会引起材质损坏。②木材物理变色，是指木材在紫外光与热（温度升高时）的环境中引起木材变色。

58. 三层实木复合地板表层有哪些材种会出现黑变色？其原因是什么？

三层实木复合地板表层都是阔叶材，其中有些材种遇铁就会变黑，如柚木、柞木、甘拔豆等遇铁接触时就会出现黑色污迹，学术上称为铁变色。所以引起黑变色的原因，是木材中含有很多酚类物质，如木质素和单宁与铁接触就会变黑，也称为木材化学变色。

59. 如何防止地板表层加工时黑变色？

黑变色的根本原因是木材中含有单宁物质。凡含有单宁物质的木材只要与铁类物质或工具接触就可能发生黑变色。因此在地板加工过程中为了防止木材与含铁物质接触，可使用铁的替代物，下面是根据地板加工过程提出的改进措施。

1）木方蒸煮

（1）蒸煮前需彻底冲洗附在木方上的脏物。

（2）蒸煮池采用不锈钢或混凝土材料制作，水和蒸汽管道采用不锈钢或钛管代替铸铁管。

2）单板锯剖

冬季若有凝结水滴落到机器上时，则机器使用前应试运转预热，防止铁水掉到木材上。

3）热压

热压时在热压板之间放入具有良好导热性能的铝板。

总之使含有单宁的木材不接触铁材料的物质，可采用替代物。

60. 当铺设三层实木复合地板时，面板出现黑变色，如何区分其木材表面是铁变色还是霉变色？

当三层实木复合地板表层出现黑变色时，到底是木材化学变化引起变色，还是真菌引起的变色，两者颜色是十分相似的，不同仅只能从以下两方面区分：①黑变色的位置：铁变色是出现在芯材，而真菌引起的变色出现在边材。②手摸：铁变色的表层较为平坦，在铁变色的中心部位能够找到微小的铁屑；而真霉感觉有局部隆起。

61. 柚木地板为什么在涂饰前要先进行阳光晒？

柚木和桃花心木是世界两大名材，强度高、木材尺寸稳定、性能优良耐久、抗酸，是制作三层实木复合地板表层的优良材。但是柚木的浸填物较多，具有白色沉淀物，其中主要成分有单宁与油脂、芳香族等内含物，它在温度、阳光紫外线照射下颜色会发生变化，开始出现大花脸，逐渐趋向相近与稳定。从以上可见柚木变色是趋稳定，价格低廉。

62. 何谓地板碱变色？在地板面板会呈现何色？

碱变色是碱性化合物在潮湿条件下与地板中含有的少量单宁、黄酮类及其他酚类化合物反应引起的，其变色的颜色是在地板的表层局部处呈棕色的污迹。

63. 哪几种材质地板会引起碱变色？在何环境中会引起碱变色？

地板选用的木材，其材质中含有单宁、酚、黄酮等类成分将会引起碱反应，如柚木、栎木、白蜡木、桦木、黑核桃、槭木、木兰等材种。地板表面引起碱变色，通常发生在地板铺设后，因为地板基础层通常是水泥混凝土呈碱性，如果混凝土地面潮湿，或渗水将会渗入地板引起局部板面处呈棕色污迹。

第三节 踢脚板与垫层

一、踢脚板

64. 何谓踢脚板？它有何作用？

脚踢板（亦称踢脚线）是楼地面和墙面相交处的一个重要构造节点。踢脚板有两个作用：一是保护作用，遮盖楼地面与墙面的接缝，更好地使墙体和地面之间结合牢固，减少墙体变形，避免外力碰撞造成破坏；保护墙面，以防搬运东西、行走或做清洁卫生时将墙面弄脏（地脚线也易擦洗）。二是装饰作用，在居室设计中，腰线、踢脚线（踢脚板）起着视觉的平衡作用，利用它们的线形感觉及材质、色彩等在室内相互呼应，可以起到较好的美化装饰效果。居室的踢脚线在墙的最下部，从地面向上 12 ~ 15cm，踢脚板的一般高度为 100 ~ 180mm。目前，踢脚线的高度在一点点降低，一般家庭选用 6.6cm 或者 7cm 的高度。

65. 常用于室内三层实木复合地板铺设的踢脚板有哪几种材料？各有什么特点？

在市场上销售的踢脚板按材料分类有实木踢脚板、浸渍纸贴面踢脚板、塑料踢脚板和铝合金踢脚板。

实木踢脚板是实木通过铣刀切削而成表面不同形状，如平面形、凹凸形等。表面再涂刷透明油漆或色漆。浸渍纸贴面踢脚板是浸渍合成树脂的装饰纸胶压在中密度板或刨花板上。塑料踢脚板由聚苯乙烯压制而成，表面压有模拟木纹图案。铝合金踢脚板采用铝合金材料制作而成。四者比较，实木踢脚板价格贵、档次高，铝合金踢脚板在 20 世纪 90 年代时风靡一时，现在逐渐被前几种踢脚板代替。

66. 踢脚板的背面为什么要开槽？其槽规格建议多少？

踢脚板的背面中心处应有一横凹槽，以使地板下面的潮气，通过墙面预留伸缩缝流入踢脚板背面的凹槽再流向室内大气中，保证地板不受潮气影响而变形，所以其凹槽是潮气通道的出口槽，通常其凹槽宽为 7～15mm，深度为 2～4mm。

67. 踢脚板的规格有何要求？

踢脚板的长度不限，通常企业采用长度≤2400mm（太长易弯曲），宽度为 12～15cm（也可根据合同要求），厚度其要求是必须盖住伸缩缝隙。所以标准中规定为伸缩缝隙＋2mm，市场上通常为＋1.5mm。

68. 试述踢脚板的几种安装方法。

安装踢脚板可采用直接粘贴在墙面上；也可用钉子固定在墙上。用钉子固定有两种方法：一般采用楔子法；另一种用水泥钉直接钉入墙内。

69. 试述楔子法钉贴踢脚板的工序。

采用楔子法钉踢脚板的工序如下：

（1）在墙根先用冲击钻钻数个眼，通常间距为 80cm。

（2）在墙上钻眼处用槌子钉入相应直径的木楔子。

（3）把踢脚板安上，在有楔子处钉入铁钉，若是非木质贴踢脚板，应在踢脚板上先钻相对应眼，注意不能错位。

(4) 在转角处注意接缝严密，可以采用45°斜角接缝，其固定同上述。

70. 踢脚板如何进行验收?

踢脚板应按如下几点验收：

(1) 踢脚板应紧靠墙面，表面无损伤。

(2) 踢脚板盖住缝隙，上口应平直。

(3) 踢脚板用手上下移动，保证无晃动。

二、地垫、龙骨、五金与毛地板

71. 地垫的作用? 常用的有哪几类?

三层实木复合地板铺设可以采用多种铺设方法（见第五篇），而其中悬浮铺设法应用最为普遍。悬浮铺设法是将三层实木复合地板直接铺于地垫（亦称垫层）上，特别是目前毛坯房的地面经常会遇到：① 有凹凸不平。② 地面轻微有坡，即大于3mm/2m坡度，若不放置地垫，地板铺设后地板有高低差，将会产生响声，所以悬浮铺设法必须有垫层，另外也增强悬浮铺设后人们踩在其上的脚感与消音。当前采用的地垫（垫层）有铺垫宝、泡沫地垫、黑珍珠地垫、橡胶地垫、人造革地垫、软木地垫，上述地垫除铺垫宝以外皆呈卷状，携带方便。

72. 何谓铺垫宝? 它具有何特点?

铺垫宝是以聚苯乙烯为主要材料制成的挤塑泡沫板，具有致密的表层和闭孔结构的内层，结构没有空隙，呈蜂窝状。其特点如下：

(1) 不吸水，不腐烂，防霉隔潮，将水泥地面与木地板彻底隔开，成功地解决了三层实木复合地板铺设后因地面潮湿引起的地板变形、开裂、瓦变等。

(2) 可承受25～30t/m^2的压力，而其蜂窝状内层结构更增加三层实木复合地板的脚感。

(3) 可适当调节地面平整度，从而保证地板铺设的平整度。

(4) 不怕重压，保温，吸震，可使居室更温馨。

(5) 无污染，铺设简便。

73. 何谓龙骨? 市场上销售的龙骨有几种?

龙骨是龙骨铺设法中的主要材料，是长条形的方料。将木地板铺设在龙骨上，而且稳固地与木地板相结合后，增加了地板的脚感，同时又可通过龙骨的平整度调整地面的不平度。

市场上销售的龙骨有木龙骨（俗称木搁栅）、铝合金龙骨与塑钢龙骨，其中木龙骨历史最悠久，也最受消费者喜爱。

74. 木龙骨固定于地面有几种方法?

木龙骨固定时应使整条木龙骨坐落于原有的基础地面上。有的大型活动场所，如体育场馆与舞厅为保证强度在两条龙骨之间还加设次龙骨，以避免龙骨的水平位移和侧移，其固定方法，有粘合剂固定法、铁钉木楔固定法、水泥固定法、射钉固定法、钉与胶相结合固定法，上述几种固定法中水泥固定法最早使用，但其干燥时间比较长，最常用的是铁钉木楔固定法（详细做法查阅第五篇中的铺设）。

75. 三层实木复合地板在铺设时，为什么要采用五金配件？常用的五金配件有哪几种材料？

三层实木复合地板在铺设时遇到以下情况都需要采用五金配件进行过渡和衔接。

(1) 铺设地板的房间过大，超过 10m 时，必须隔断铺设，用五金件遮盖。

(2) 木地板与石材或其他材料相联时。

(3) 地板与门或门套各种家具或障碍时的衔接，

(4) 扶梯与地板的衔接。

以上可见，五金配件的作用是遮盖和过渡，保证地板铺设后的美观性。常用的五金配件有平扣条、高度差扣条、阳角扣条、收口条，其采用的材料有木质、聚氯乙烯、黄铜与铝合金等。

76. 试述平扣条的作用。

平扣条主要用于平面的衔接：

(1) 相邻房间地板走向不同，无法相接。

(2) 房间过长、过宽必须隔断，隔断时有缝隙，通过平扣条衔接与遮盖缝隙。

(3) 部分区域使用地板，另一部分采用石材，采用平扣条遮盖衔接的缝隙。

(4) 两个房间同时铺地板，共用一个门，两者衔接采用平扣条。

平扣条如图 4-2 所示。

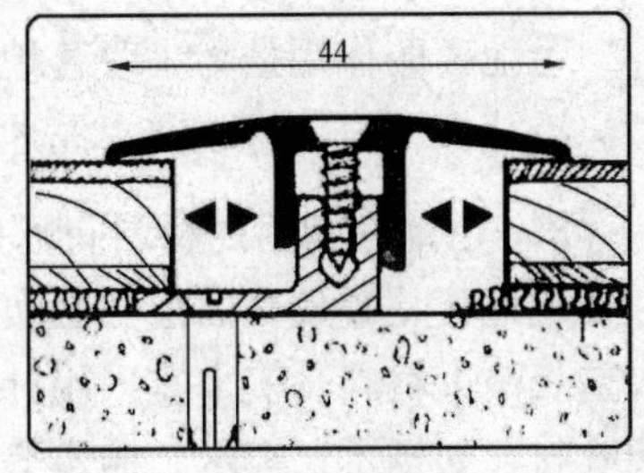

图 4-2　平口条

77. 试述高度差扣条（亦称过渡扣条）的作用。

地面铺设材料不同，而且又有高低差或有明显的台阶，如客厅铺设地板、卧室铺地毯，两者高度有明显差别，就可采用过渡扣条。如图 4-3 所示，将两种材料轻松联接，平缓过渡。

78. 试述爬梯扣条的作用。

爬梯扣条（又称阳角扣条）主要用于宾馆、复式楼，在楼梯上铺设木地板，楼梯边缘必须采用爬梯扣条，它的作用是贴压、连接、保护、装饰，如图 4-4 所示。

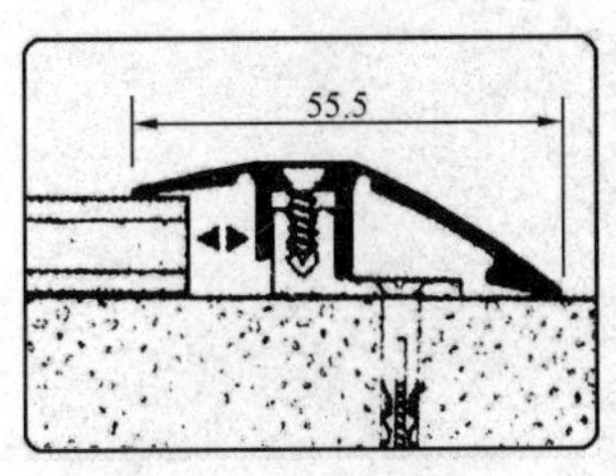

图 4-3　高度差扣条

图 4-4　爬梯扣条

79. 试述贴靠扣条（亦称收口条）的作用。

贴靠扣条（收口条）主要用于：

(1) 当木地板铺到墙边或遇其他障碍物时，墙和木地板之间预留的缝隙，踢脚板的厚度盖不住，就采用收口条遮盖，如图 4-5 所示。

(2) 浴室、厨房、阳台采用推拉门，无法装踢脚板时，就采用收口条，如图 4-5 所示。

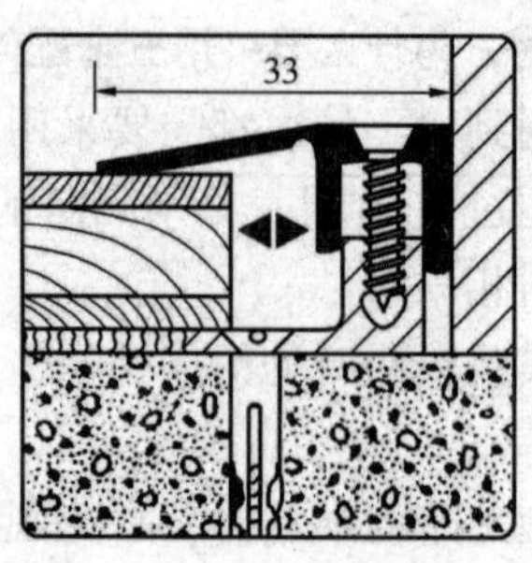

图4-5　贴靠扣条（收口条）

80. 何谓毛地板？它具有何作用？

铺设三层实木复合地板下层的废旧地板、木地板或人造板，统称为毛地板。

毛地板的作用是为了改善地板的脚感，同时也增加地板基层面的平整性、防潮性、保温性。毛地板可直接置放在水泥地面，也可铺在龙骨上。

81. 毛地板常用的材料有哪些？

毛地板是置放在面层三层实木复合地板下面的一层板材，因此做毛地板的板材有实木与人造板两大材料。实木宜采用针叶材，如落叶松、白松、红松、杉木等，也可采用速生材或阔叶材，如杨木、桦木、榆木等，也可用平整无变形的废旧木地板、人造板，宜采用厚度为9mm以上的多层胶合板、中密度纤维板或机拼的细木工板（俗称大芯板）、刨花板，其中用得最多的是多层胶合板。

第五篇　铺设与售后服务

第一节　铺　　设

1. 铺设前如何验收三层实木复合地板？

铺设前应从以下三方面验收三层实木复合地板

(1) 外观质量

打开包装箱取出任意一块地板观看：① 表面材质有无明显缺陷，如地板有无腐朽、死节、虫孔、开裂、夹皮等自然缺陷。② 表面涂饰漆膜是否丰满、均匀，有无针孔、压痕、刨痕。③ 周边榫槽是否完整。

(2) 地板加工质量

① 产品的规格、颜色、材质与预订是否一致。② 产品的榫槽尺寸是否严实、平整，可在平整的地面进行拼装，然后用手摸。

(3) 环保——甲醛释放量

打开包装箱用鼻嗅判断，若打开包装箱时有一股很难闻又刺激眼睛的气味扑鼻而来，说明甲醛释放量超标。

2. 铺设三层实木复合地板的铺设方法有几种？各有什么特点？

三层实木复合地板的铺设方法有四种，分别是悬浮铺设法、龙骨铺设法、毛地板垫底铺设法和胶粘铺设法。其中悬浮铺设法是三层实木复合地板最普遍、最常用的一种，其铺装简便，拆装容易，便于搬家，但其缺点铺设后在人踩踏下，有时会出现榫槽松而引起有缝隙。龙骨铺设法脚感好，可用于舞厅、大会议厅，通常实木地板采用该种铺设法居多。毛地板垫层铺设法脚感更优于龙骨铺设法，但成本高，通常用于国家体育场所、舞台、舞厅。胶粘铺设法的特点是铺设木地板后最不容易出现铺设的缺陷，但其成本高，通常用于地暖地板铺设。

3. 为什么目前业内一致公认地板质量“七分铺装、三分地板”？

地板众所共识是半成品，只有经铺设后才能使用，而地板特别是三层实木复合地板加工生产是机械化，而且相对来说设备较先进，所以加工出来的地板都能达到国家标准要求，甚至还超过国家标准。因此，消费者享用地板质量好坏关键是铺设，而目前铺装工技术水平参差不齐，有的是刚进城的农民工，他不能科学施工，所以虽然表面上看他也能铺，但铺装中许多隐蔽的问题未处理好，如含水率、平整度等未解决就铺，而当消费者使用地板时，就出现这样或那样的问题，所以提出“七分铺装、三分地板”其含义就是应重视科学铺装。

4. 铺设三层实木复合地板的基础面应达到如何要求？

铺设三层实木复合地板时，其基础面应达到如下要求：

(1) 平整度　对地面进行找平，并用 2m 靠尺测定其平整度误差值应≤2mm。

(2) 含水率　地面含水率应小于等于当地平衡含水率+5%，若大于该值应做防潮处理。

(3) 基础面干净　基础面表面应干净无灰，应用吸尘器吸干净。

5. 为什么地面含水率达标，是保证地板铺设质量的关键？

三层实木复合地板是由三层木质板材压制而成的。而木材在第一篇中已述说，木材的固有特性是随着室内环境的干湿度变化，木材就会干缩。

如果基础地面含水率过高，将会被地板背面板材吸湿而胀，致使三层实木复合地板引起瓦变或者开裂，所以基础地面含水率是否符合标准将是保证地板铺设质量的关键。

6. 保证三层实木复合地板的质量有几部分组成？

地板是半成品的，必须经过铺设后才能使用。因此，地板企业加工出来的质量好坏，仅仅是说明质量的一部分，地板的质量应有四部分组合：① 地板加工后产品质量。② 铺设质量。③ 环境质量。④ 使用、维护、保养质量。

上述四部分缺一都会引起地板的质量问题。

7. 如何检测基层地面含水率？地面含水率按标准应达多少才能进行铺设？

基层地面通常采用混凝土，因此其有一个特性，即表面容易干燥，内层不易干燥。所以靠目测很容易被假象所蒙蔽，必须用含水率测定仪测定。目的是为了检验能否铺设三层实木复合地板，通常采用数字显示含水率测定仪，把其档位调到最大值就可测定。三层实木复合地板若铺在普通地面上时，按国家标准 WB/T 1030—2006《木地板铺设技术与质量检验》规定，其地面含水率测定值≤当地平衡含水率值+5%，若三层实木复合地板用作地热地板，地面含水率测定值按附录 10 国家标准 WB/T 1037—2008《地面辐射供暖木质地板铺设技术和验收规范》规定，≤当地平衡含水率+（1～2)%。

8. 如何检测地面平整度？其值按标准应达多少？

地面平整是保证铺设后的地板不会产生响声，也不会引起地板高低差，所以此项参数在铺设前必须通过 2m 靠尺来测定。其方法是将 2m 靠尺置于地面，看其是否紧贴地面，人站其间弯腰蹲下侧面观看靠尺接触地面是否有亮光，找出其间隙最大处，将塞尺塞入，靠尺离地的间隙处，通过插入塞尺的片数叠加后的数值就是地面平整度的误差值，其值应为 2～3mm/2m。

9. 如何查阅各地区的平衡含水率？

中国地域辽阔，南北温度和湿度差异很大，而三层实木复合地板在全国大小城市颇受当地消费者青睐，因此地板产品发往不同城市其含水率也各异，如海南省平衡含水率最大值为 19.8%，而北京平衡含水率值却只有 11%，两地差距很大，所以若发往不同地区，就要按照那个地区平衡含水值制定干燥基准，不然就会引起地板各种变形，此值可以查阅。按附录 13《我国各省、直辖市木材平衡含水率值》、附录 14《我国 160 个主要城市木材平衡含水率气象值》查阅。现在我国随着城镇化加快，增设了很多新城市，若在表中找不到，就只能按靠近的城市估算。

10. 当地面平整度不达标时，应采取何措施进行修复？

在铺设前用 2m 靠尺或水平仪测出地面平整度超过 3mm 时，地面必须采取以下措施进行修平：

(1) 凹凸处必须用铲刀铲平，然后用水泥加胶及灰浆填平和刮平（其配比是水泥：胶＝1：0.5)，或用石膏粘结剂加砂（此种方法适合局部处）。

(2) 严重不平整采用水泥砂浆再铺一层，其缺点工期长、干燥时间慢，必须达到水泥层表层和里层都干燥，正常混凝土养生期 28d。

(3) 采用自流平材料平整，目前市场上有很多自流平材料，通常用的是水泥自流平，比较先进的是水泥树脂混合物自流平，其特点是流平性更优于水泥自流平，而且干燥时间短，做完自流平 24h 后就可以铺设三层实木复合地板。

11. 三层实木复合地板在不平整的基层面上铺设将会出现哪些不良现象？

三层实木复合地板若在不平整的基层面上铺设时，虽然悬浮式铺设时，在地板下有垫层，但因其垫层不够厚而且较柔软，所以铺在其上的地板，当人在其上踩或放家具时，在垂直压力作用下地板下陷，使两块地板间榫槽配合不在同一平面，久而久之两块板之间有位移摩擦随之引起不悦耳的响声，也有的地板因不平整、受力不均匀，将局部漆膜产生裂纹等不良现象，所以地板必须达平整后才能铺设地板。

12. 三层实木复合地板在铺设前检测地面含水率过高，采取何措施？

铺设前测地面含水率过高时，必须要对地面做防潮处理，其方法有以下几种：

(1) 采用电热膜干燥地面，即在潮湿的基层面上用电热膜烤干。

(2) 采用电热毯干燥地面，即在潮湿的基层面上放电热毯烤干。

(3) 在潮湿的基层面上涂一层防潮层（以前通常用沥青，因沥青有污染，国家禁止在室内应用)。其防潮层目前在市场上主要有两种材料：① 树脂基的防潮材料，通常是双组分，涂于基层面可以起到防潮作用，而且还有很好的强度，但环保性稍差，因此涂后必须开窗通风排放。② 硅烷基的防潮材料，这是当前全球最领先的新型环保防潮材料，而且其强度也好。

13. 铺设前为什么必须请消费者对三层实木复合地板质量进行验收签字？

三层实木复合地板在室内装饰中，其价格比例约占装修费的四分之一左右。

(1) 其质量以上所述说的四个质量组成，所以必须对每一个质量要进行把关，特别木地板的油漆，在专卖店挑选的颜色与发到工地的地板颜色虽然是同一色系，但是因产品存放的时间不一样，颜色也有差异，而且材面所选用木材的部位不一样，颜色深浅有差异，而且有的心、边材在木地板表面同一块面积上色差更为明显，所以消费者抽箱检查认可后才能铺设。若不及时验收铺设完消费者提出意见不认可，而且要换地板，这样企业遭受到很大的经济损失，所以必须让消费者验收认可签字后才能铺设，其验收项目可参考附录 16 表 16-1 地板质量验收单，请消费者逐项验收后签字。

(2) 若遇工程项目时，地板企业与铺设公司（队）为两个单位，此时更应该货到工地就请施工单位验收签字。

按照这样做目的就是职责分开，保护企业本身的利益。

14. 铺设工人上岗铺设必须做到哪几条？

铺设工人上岗时应做到（12343）。其内容如下：

一证：上岗证。通过培训、考核达到及格成绩，才能得到上岗证。去工地铺设时，铺设上岗证必须佩戴。

二严：严格执行铺设工序，达到附录 11“WB/T 1030—2006《木地板铺设技术与质量检测》”中各项指标。

三齐：外表整齐（铺设工地必须穿工作服)、工具齐、辅料齐。

四不准：不准做与铺设地板无关的事，不准说与铺设地板无关的话，不准在施工现场抽烟，不准收取客户的钱物。

三服从：即服从工长绝对领导，服从客户提出的合理要求，服从监理规范监督。

15. 何谓悬浮铺设法？普通地板与地暖地板的悬浮铺设法有何区别？

三层实木复合地板直接利用地板榫、槽或锁扣相接，平铺在垫层上的铺设方法，称为悬浮铺设法。其优点：① 铺设简便、工期短。② 铺设时对基层面无任何损坏。③ 铺设后便于拆装。悬浮铺设法在铺设时，为使榫与槽结合更坚固、紧密，一般在槽与槽间涂胶结合，若是锁扣相连的都不采用涂胶。

普通地板与地暖地板悬浮铺设法的差异是普通地板为达到防潮效果更佳，垫层通常采用垫层背面覆盖铝膜；地暖地板不宜采用带铝膜的垫层，否则会影响地表温度。

16. 铺设三层实木复合地板前应做哪些工作？

(1) 彻底清扫地面，使地面铺设时无残余砂浆、无浮灰。如果地面留有杂物、灰等，既会影响地面铺设的平整度，又会发霉滋生蛀虫。

(2) 用含水率测定仪测定地板的含水率值，以及墙面的含水率值，若过湿会引起三层实木复合地板吸湿膨胀，造成地板的翘弯和漆面开裂等现象。其含水率超标绝对不能施工。

(3) 根据用户室内管道、线路，布置画线，标明位置，以免施工中带来不必要的麻烦。

(4) 用2m靠尺测量施工地面平整度，确定地面是否需要修补。

(5) 制定合理的铺设方案，若铺设环境特殊，铺设单位应及时与用户协商，并采取合理的解决方案。

17. 悬浮铺设法的垫层铺设有几种方案？各用于何场合铺设？

采用悬浮铺设法时，其垫层的铺设有以下几种：

(1) 三层实木复合地板面板下铺设的垫层，在接触基层的地面铺0.2mm厚无味耐老化的聚乙烯薄膜，然后在其上铺优质无味2～3mm厚的聚乙烯泡沫塑料卷材或覆贴铝箔的聚乙烯泡沫塑料卷材，再在其上铺设三层实木复合地板。这种样垫层是当前三层实木复合地板铺设（对其无特殊要求）最普遍使用的。

(2) 垫层铺设有木质板垫底。其垫底有两种形式：一种是木板或人造板直接放在防潮薄膜上，然后再铺聚乙烯泡沫塑料卷材或板；另一种是聚乙烯放在底面，而木板或人造板垫层直接与三层实木复合地板接触。木质板垫层悬浮铺设法常用于健身房、大会议厅和高档别墅，其弥补了悬浮铺设法脚感差的缺点。

18. 如何防止悬浮铺设后三层实木复合地板的胀缩变形？

三层实木复合地板经悬浮铺设后将单块的木地板通过榫槽结合或锁扣接合，甚至在榫槽处涂胶再一次紧密接合成一体，但随室内环境干湿变化，三层实木复合地板虽然结构合理但是它的每一块板都是纯木质，所以它在湿度变大时还会胀。如黄梅季节或六、七、八月的雨季，地板就会吸潮而引起地板胀，所以为防止悬浮铺设后三层实木复合地板的胀缩变形，应采取以下措施：① 三层实木复合地板在铺设时，必须在四周的墙处留有8～12mm伸缩缝，使它有伸胀余地。在有障碍处，如水管、立柱等，都应留有伸缩缝。② 接地的防潮膜必须搭接严密。③ 防潮膜的长宽处在墙边翘起。

19. 试述悬浮铺设法的要点。

1) 基层地面：干净、干燥、平整，并具有一定强度。

2）垫层铺设：垫层铺设可采用防潮薄膜与铺垫宝或采用毛地板垫底铺设，垫层铺的方向应与木地板垂直，防潮薄膜应相互搭接 200mm。

3）铺设木地板

（1）木地板走向：木地板走向通常是木地板长度与房间长度相平行，自左向右也就是进门的最里墙开始铺。

（2）木地板铺设画线：在墙四周画出离墙 8～12mm 间隙线。

（3）木地板铺设：①从里往外铺设，依墙的间隙线为准，开始铺设第一块，铺设时凹槽口面向墙。铺设一排铺时可在墙与木地板之间放入铺垫宝或弹簧片。当墙是弧形或有柱子、水管时，应按轮廓切割地板相应形状。②每排铺设最后一块木地板时进行长度测量，可将其旋转 180°进行直线切割。③切割剩余地板长度＞200mm 时，必须用于下一排的起始块，以保证地板铺设后的排列是错缝排列。④依次逐排铺设并用拉力器夹紧检查槽结合（锁扣结合）与直线度。⑤铺设最后一排时，要测其宽度进行切割后铺入并用拉钩或螺旋，使地板与地板间紧密结合，如图 5-1 所示。

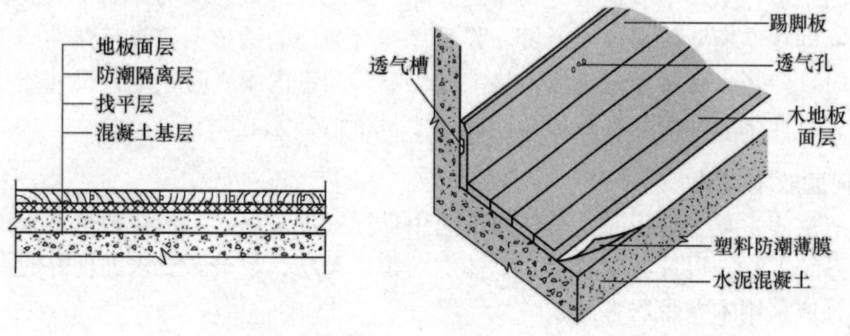

图 5-1　悬浮铺设法

（4）踢脚板安装：按第四篇 68 题介绍的踢脚板安装方法，根据工地现场特点任选一种。安装时木地板留有的伸缩缝隙内不得有任何杂物，否则必须清除，以免阻挡木地板膨胀，如果缝隙过大，可选用防水性能好的丙烯酸类的胶种补缝，不能用乳胶填补，也可采用五金件收口条遮盖。

20. 通常采用的毛地板有哪些材料？

做毛地板的材料可采用人造板、实木板与废旧地板三大类。人造板的材料有多层胶合板、刨花板、定向刨花板、中密度纤维板、细木工板（大芯板）；实木板的板材通常都是针叶材、速生材，如红松、白松、落叶松、辐射松、杉木、杨木和泡桐。应用细木工板时，一定选择有品牌、质量好的细木工板，若应用廉价细木工板时，在不为人见的内芯木条可能会采用腐朽或虫蛀的小木块，使用后反而遭受侵蚀，影响地板质量。

21. 为什么铺设毛地板垫层，采用人造板作为毛地板时，不能整张铺设？如何铺设？

通常铺设毛地板时，都是直接铺于基层面上，当采用人造板作为毛地板时，虽然其含水率都已达标，但是基层面——地面水泥混凝土有时还会含有一定的水分，它随着时间会慢慢从水泥地中蒸发出来，而此时在其上覆盖着整张毛地板无缝隙，因此潮气都被毛地板吸收，致使毛地板变形、翘曲不平，甚至分层，毛地板变形会影响铺在其上的木地板平整度。故采用多层胶合板或其他人造板时，必须将其裁开，分成四等分或六等分。裁开的多层胶合板铺设时，两块之间应留有3～6mm的间隙，使其在有潮气时，毛地板有伸胀余地，这样毛地板保证平整也就使地板平整。

22. 在铺设三层实木复合地板时，为什么必须在底层铺防潮膜？应如何正确铺放？

按国家标准规定，普通地板铺于水泥混凝土地面上时，其地面含水率≤当地含水率+5%。虽然地面含水率达标，但还是高于当地平衡含水率。因此水泥混凝土中还是有多余的潮气缓慢地释放出来，所以无论何种情况都应铺防潮薄膜以封闭潮气进入地板。

在铺设地板之前，在地板下面铺设一层防潮膜，防潮膜之间的接缝处要做好链接严实，在靠墙的位子要沿着墙面向上延伸5～6cm，做好后就可以在上面铺设地板了。

23. 采用悬浮铺设法铺设时既然留伸缩缝，为什么还要塞入填充物？其填充物是何材料？

三层实木复合地板的每层板材都是木材，因此它既有“湿”时胀的现象，也有“干”时缩的现象，特别是在北方地区暖气开放季节，地板干缩，预留的缝隙应具有调节的作用，即胀时有伸缩的余地，干燥季节地板有收缩的间隙。为此在地板四周的伸缩缝中放置具有拉压功能的物件，即在伸缩缝隙中放小弹簧、弹簧片或有弹性的铺垫宝等具有弹性的填充物，当地板吸湿胀时，弹簧、弹簧片或泡沫铺垫宝被压缩；当室内干燥时，地板尺寸缩小，弹簧等物恢复原样具有伸张力，使地板被顶紧，榫、槽紧密结合无缝隙。

24. 如何验收木龙骨？

在铺设三层实木复合地板时，虽然通常应用悬浮铺设法居多，但在地热地板铺在水地暖或发热电缆系统上时，以及特殊场所，如体育场馆、舞厅、舞台，要求弹性好时就应采用龙骨铺设，而且应采用木龙骨居多。

三层实木复合地板直接固定在木龙骨上，木龙骨虽然是辅助材料，但是在木龙骨铺设法中，它将直接影响木地板的铺设质量，为此在铺设前一定要按如下验收：

(1) 龙骨含水率验收：其含水率应按附录11 WB/T 1030—2006《木地板铺设技术与质量检测》标准，要求应≤当地平衡含水率+2%。

(2) 平整度验收：采用2m靠尺测定+2mm。

(3) 规格尺寸验收：木龙骨是长条形，厚度≥20mm、宽度≥40mm。

25. 试述木龙骨铺设法要点。

1) 木龙骨一般铺装施工程序如下：

木龙骨安放位置画线→木龙骨铺垫以及固定→防潮膜铺放→三层实木复合地板铺设

2) 要点说明：

(1) 木龙骨固定

① 根据地板长度模数计算确定龙骨的间距并在地面画线，龙骨间距≤400mm。②木龙骨固定若采用打孔固定法，根据龙骨长度合理布置木栓间距，打孔深度≤60mm，以免击穿楼板。③龙骨与地面有缝隙，应用耐腐硬质材料垫实，垫木长度以20mm为宜。④木龙骨固定时，靠墙部分与墙面有10～30mm伸缩缝。

(2) 铺设防潮膜

在龙骨上铺放防潮膜：两块拼接时应叠加20cm，并沿墙向上延伸5～6cm。

(3) 铺设三层实木复合地板

① 铺装第一块木地板应榫（槽口）面向墙壁，以汽钉或螺纹钉、斜钉把地板固定于木龙骨上，以后逐步排紧钉牢，最后一块地板用明钉直接钉入，以利地板面与龙骨牢固固定。② 两块地板纵向联接榫头，榫槽接头处必须在龙骨的中心线。③ 为使地板平直均匀，每铺3～5块地板，即应该拉一次直线检查地板是否平直。

(4) 踢脚板安装

踢脚板安装与悬浮铺设法相同，不再重复。

26. 为什么悬浮铺设法或龙骨铺设法铺设防潮膜时，都要沿墙面向上延伸5～6cm，被踢脚板压住？

铺设防潮垫膜的作用是避免混凝土基层中释放出的潮气向上逸，而被地板吸湿变形。为此防潮膜在铺设时重叠20cm使其密封，若密封水分不逸出积累后将会上顶，造成防潮膜顶破或把防潮膜凸起，影响地板平整度。为此必须把潮气随时向外逸出，封闭的防潮膜四周向上弯翘形成水分通道，即潮气在防潮膜下沿地面流动到达防潮膜的向上弯翘处，然后通到踢脚板凹槽处往外排放。

27. 试述毛地板垫层铺设法施工要点。

为增强三层实木复合地板的脚感与改善地面平整度，采用毛地板垫底铺设法，其铺设施工要点如下：

(1) 地面要求干燥、干净。

(2) 毛地板若采用多层胶合板，在铺设前分成四等分或六等分，并对毛地板四周涂封闭清漆，达到防潮。

(3) 固定毛地板：用木螺钉或胶粘剂固定，固定时每块胶合板之间留3～6mm间隙，固定的毛地板应达到脚踩在其上无响声，无明显下陷现象。

(4) 面层铺设三层实木复合地板，与龙骨悬浮铺设相似，地板与毛地板用铁钉或胶固定，如图5-2所示。

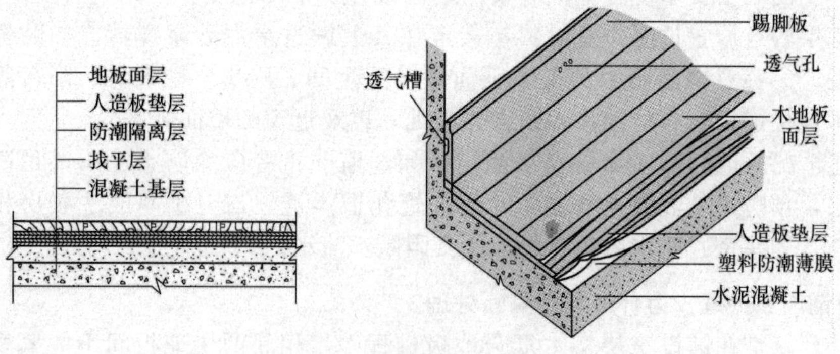

图5-2　毛地板垫层铺设法

28. 长条三层实木复合地板常用铺设法图案有哪些？其具有哪些特点？

长条三层实木复合地板铺设图案有两种：一种错缝铺装，错缝从铺设开始就应该对齐，错缝横向应在同一条直线上；另一种铺设图案是隔排对中错位，此铺设法图案宜铺于长度略短的房间，但此法木地板损耗较错缝铺设木地板损耗率大。

29. 为保证地板质量，铺设前遇到哪几种情况不能铺设?

木地板必须经过铺设，才能使客户享受使用，正如优质的丝绸布料通过裁缝加工才能穿着享用。因此，木地板铺设好坏直接影响木地板质量，它也是减少售后服务的重要保证，为此，遇到下列五种情况不能铺设：

(1) 墙体潮湿，地面不干，不铺。

(2) 混合施工，不铺。

(3) 强制使用劣质辅料，不铺。

(4) 工期过急、过短，无法正常科学施工，不铺。

(5) 要求木地板板面无色差，绝对水平，不铺。

30. 试述地面潮湿，防水涂料涂抹工序。

因为地面含水率过高，无法正常施工，所以就必须采用防水涂料。目前在市场上采用水泥、聚氨酯、聚合物材料防水涂料。水泥防水涂料干燥工期长，施工受限制，所以其他两种用得较多，其操作工序如下：

(1) 无论采用何种防水涂料，在施工前一定要把涂料拌均匀后再涂抹在地面，不得混入固化或结块的涂料。

(2) 用小滚刷或油漆刷子蘸满已调匀配制的防水涂料，均匀地涂抹在地面基层面上。

(3) 涂布时一定要滚力（刷力）一致，使其涂膜厚薄均匀一致，通常涂布3～4遍为宜，每遍涂布量为0.6～08kg/m^2。

(4) 每遍涂布时间间隔在5d以上。

(5) 涂两遍以上涂料时，涂布方向每遍应相互垂直。

31. 平房、高楼底层铺设前含水率应重点测试哪几个方面？为什么?

平房、高楼底层铺设时，一定要对基层地面、墙面做含水率测定，因平房与高楼底层虽然有底基，但其紧贴地面，潮气大，若不做防潮措施，地板铺设后地面的潮气就会被铺设在其上的三层实木复合地板吸收，地板很容易呈凹瓦变。下列场合更应重点测定：①混凝土基层曾经放置过湿作业材料，甚至在其上做过水泥砂浆搅拌，如贴瓷砖时在客厅搅拌水泥。②容意飘落雨水的窗角下面以及卫生间、厨房、洗衣房、阳台等处相接的地面。③木地板铺设与石材铺设相结合邻近处，以及近窗的墙面。

对上述情况的地面都应做含水率测定，如超值严重者应涂防水涂料，稍高者铺设防潮隔离垫层，预防水从混凝土基层面的毛细管孔道渗透。与卫生间或洗衣房相接处必须做阻水隔断，即涂密封防水胶等材料，使其阻断水流动。

32. 何谓隔断处理？为什么要做隔断处理?

隔断处理就是在铺设三层实木复合地板过程中，相邻两块地板间不能紧密相接，必须留有间隙。为了不使灰尘、杂物落入间隙中，在其上用平扣条掩盖，其间隙预留伸缩缝，因铺设面积大，地板伸缩量也随之大，为避免预留量不够，每铺设一个区域就应该有一个隔断。

33. 采用毛地板垫层的龙骨铺设法时，毛地板与木龙骨固定，是否每种毛地板都呈30°～60°斜向固定?

在某些场所为达到脚感舒适，采用木龙骨上再铺毛地板，若选用纯木质板或旧木地板时，其与龙骨固定需要斜向 30°～60°铺设固定。其原因是具有一定厚度的木质板或木地板都是木质材料未经任何处理（但含水率达标）的原材料加工而成，因此也仍保持了木质原有属性——干缩湿胀的现象，尺寸会发生变化，甚至严重者平整度变形，这样会直接影响木地板铺设后质量变化。故为减少不良现象产生，将地板下的毛地板做 30°～60°倾斜，这样木纤维互相牵制；而人造板有变形但较纯木材少，所以它可以不倾斜铺设与固定。

34. 为分清事故的职责，应在木地板铺设前让客户做哪两个认可？

在铺设三层实木复合地板前，为了在售后服务中发生纠纷时分清责任，地板送达工地后，必须请客户做两个签字认可：第一个认可是地板质量认可，见附录 16 表 16-2，其内容是外观、质量和规格数量检查，外观包含木材本身天然缺陷与油漆（漆膜平整光滑、饱满无漏漆、无针孔）、颜色；规格数量是否相符；质量榫槽是否完整，通过五块拼装观平整度、高低差。第二个人签字认可是地板铺设任务认可，见附录 16 表 16-3，其内容是当时测定表中值，确认铺设条件与铺设方案。

上述两个附表必须在铺设前双方确认，并请客户签字，这样双方发生纠纷都可以文字为凭。

35. 在承接大型地板项目工程时，三层实木复合地板规格如何进行批量抽查？

在大型工程中标后，乙方将投标时的样板封存，然后当大量三层实木复合地板送入工地后，方将拆包抽检与“样板”比对，抽样方法按国家标准 GB/T 2828. 1—2012/ISO 2859-1：1999《计算抽样检验程序第 1 部分：按接收质量限（AQL）检索的逐批检验抽样计划》中的正常检验二次抽样方案（主表）检查，见表 5-1。

36. 在铺设三层实木复合地板时若遇到门，地板面层与门的铺设距离应如何控制？

在铺设三层实木复合地板时，无论卧室或客厅都会有门，因此标准中规定地板面层与门应保持的间距如下：

（1）普通外门为 4～7mm，高级外门为 5～6mm。

（2）普通内门为 5～8mm，高级内门为 6～7mm。

（3）普通卫生间为 8～12mm，高级卫生间为 8～10mm。

门套下口应置于地板面层之上，与地板面层之间应留 1mm 间隙，以确保面层三层实木复合地板不因室内干湿度变化而湿胀影响门的开与关。地板在铺设到门洞或门套时应预留 8～12mm 伸缩缝，并用扣板遮盖。

通常在铺设地板时都将门卸下，铺完后再安装门，所以门间距不够将会锯门的下沿，锯的尺寸就参考上述数据。

37. 铺设在大会议厅、大客厅、健身房的三层实木复合地板是否要做隔断处理？

铺设在大客厅、大会议厅、健身房的三层实木复地板面层幅面每边长度，超过 8m 时，应做隔断处理。因为三层实木复合地板虽然结构合理、尺寸变形小，但不等于随环境室内干湿变化而尺寸不变，仍然有尺寸变化。因此过长或过宽，少量变化将会累计，变形量明显甚至严重，所以标准规定铺设三层实木复合地板面层幅面每边长度不能超过 8m。

表 5-1　正常检验二次抽样方案（主表）

样本量字码	样本	样本量	累计样本量	接收质量限（AQL） 0.010	0.015	0.025	0.040	0.065	0.10	0.15	0.25	0.40	0.65	1.0	1.5	2.5	4.0	6.5	10	15	25	40	65	100	150	250	400	650	1000
				Ac Re	Ac Re	Ac Re	Ac Re	Ac Re	Ac Re	Ac Re	Ac Re	Ac Re	Ac Re	Ac Re	Ac Re	Ac Re	Ac Re	Ac Re	Ac Re	Ac Re	Ac Re	Ac Re	Ac Re	Ac Re	Ac Re	Ac Re	Ac Re	Ac Re	Ac Re
A				↓	↓	↓	↓	↓	↓	↓	↓	↓	↓	↓	↓	↓	↓	*	↓	↓	*	*	*	*	*	*	*	*	*
B	第一 第二	2 2	2 4	↓	↓	↓	↓	↓	↓	↓	↓	↓	↓	↓	↓	↓	*	↑	↓	0 2 1 2	0 3 3 4	1 3 4 5	2 5 6 7	3 6 9 10	5 9 12 13	7 11 18 19	11 16 26 27	17 22 37 38	25 31 56 57
C	第一 第二	3 3	3 6	↓	↓	↓	↓	↓	↓	↓	↓	↓	↓	↓	↓	*	↑	↓	0 2 1 2	0 3 3 4	1 3 4 5	2 5 6 7	3 6 9 10	5 9 12 13	7 11 18 19	11 16 26 27	17 22 37 38	25 31 56 57	↑
D	第一 第二	5 5	5 10	↓	↓	↓	↓	↓	↓	↓	↓	↓	↓	↓	*	↑	↓	0 2 1 2	0 3 3 4	1 3 4 5	2 5 6 7	3 6 9 10	5 9 12 13	7 11 18 19	11 16 26 27	17 22 37 38	25 31 56 57	↑	↑
E	第一 第二	8 8	8 16	↓	↓	↓	↓	↓	↓	↓	↓	↓	↓	*	↑	↓	0 2 1 2	0 3 3 4	1 3 4 5	2 5 6 7	3 6 9 10	5 9 12 13	7 11 18 19	11 16 26 27	17 22 37 38	25 31 56 57	↑	↑	↑
F	第一 第二	13 13	13 26	↓	↓	↓	↓	↓	↓	↓	↓	↓	*	↑	↓	0 2 1 2	0 3 3 4	1 3 4 5	2 5 6 7	3 6 9 10	5 9 12 13	7 11 18 19	11 16 26 27	↑	↑	↑	↑	↑	↑
G	第一 第二	20 20	20 40	↓	↓	↓	↓	↓	↓	↓	↓	*	↑	↓	0 2 1 2	0 3 3 4	1 3 4 5	2 5 6 7	3 6 9 10	5 9 12 13	7 11 18 19	11 16 26 27	↑	↑	↑	↑	↑	↑	↑
H	第一 第二	32 32	32 64	↓	↓	↓	↓	↓	↓	↓	*	↑	↓	0 2 1 2	0 3 3 4	1 3 4 5	2 5 6 7	3 6 9 10	5 9 12 13	7 11 18 19	11 16 26 27	↑	↑	↑	↑	↑	↑	↑	↑
J	第一 第二	50 50	50 100	↓	↓	↓	↓	↓	↓	*	↑	↓	0 2 1 2	0 3 3 4	1 3 4 5	2 5 6 7	3 6 9 10	5 9 12 13	7 11 18 19	11 16 26 27	↑	↑	↑	↑	↑	↑	↑	↑	↑
K	第一 第二	80 80	80 160	↓	↓	↓	↓	↓	*	↑	↓	0 2 1 2	0 3 3 4	1 3 4 5	2 5 6 7	3 6 9 10	5 9 12 13	7 11 18 19	11 16 26 27	↑	↑	↑	↑	↑	↑	↑	↑	↑	↑
L	第一 第二	125 125	125 250	↓	↓	↓	↓	*	↑	↓	0 2 1 2	0 3 3 4	1 3 4 5	2 5 6 7	3 6 9 10	5 9 12 13	7 11 18 19	11 16 26 27	↑	↑	↑	↑	↑	↑	↑	↑	↑	↑	↑
M	第一 第二	200 200	200 400	↓	↓	↓	*	↑	↓	0 2 1 2	0 3 3 4	1 3 4 5	2 5 6 7	3 6 9 10	5 9 12 13	7 11 18 19	11 16 26 27	↑	↑	↑	↑	↑	↑	↑	↑	↑	↑	↑	↑
N	第一 第二	315 315	315 630	↓	↓	*	↑	↓	0 2 1 2	0 3 3 4	1 3 4 5	2 5 6 7	3 6 9 10	5 9 12 13	7 11 18 19	11 16 26 27	↑	↑	↑	↑	↑	↑	↑	↑	↑	↑	↑	↑	↑
P	第一 第二	500 500	500 1000	↓	*	↑	↓	0 2 1 2	0 3 3 4	1 3 4 5	2 5 6 7	3 6 9 10	5 9 12 13	7 11 18 19	11 16 26 27	↑	↑	↑	↑	↑	↑	↑	↑	↑	↑	↑	↑	↑	↑
Q	第一 第二	800 800	800 1600	*	↑	↓	0 2 1 2	0 3 3 4	1 3 4 5	2 5 6 7	3 6 9 10	5 9 12 13	7 11 18 19	11 16 26 27	↑	↑	↑	↑	↑	↑	↑	↑	↑	↑	↑	↑	↑	↑	↑
R	第一 第二	1250 1250	1250 2500	↑	↑	0 2 1 2	0 3 3 4	1 3 4 5	2 5 6 7	3 6 9 10	5 9 12 13	7 11 18 19	11 16 26 27	↑	↑	↑	↑	↑	↑	↑	↑	↑	↑	↑	↑	↑	↑	↑	↑

↓——使用箭头下面的第一个抽样方案。如果样本量等于或超过批量，则执行100%检验。

↑——使用箭头上面的第一个抽样方案。

Ac——接收数。

Re——拒收数。

*——使用对应的一次抽样方案（或者使用下面适用的二次抽样方案）。

38. 客厅中既铺设三层实木复合地板，又铺设石材时，其交界面如何处理才能保证木地板不变形？

若客厅中需要既铺设三层实木复合地板，又铺设石材时，而两者的材料的铺设方法不同，石材是水泥粘结为湿作业操作，石材下面的水泥中水会从混凝土基层地面的毛细管孔中慢慢渗出向铺设木地板的混凝土中渗透，将会使木地板出现瓦凹变现象。因此遇到该情况时，在两种材料铺设的分界处，在其立面涂抹密封硅胶等作阻水处理，然后再在其交界处延伸到铺设木地板的地面≥300mm 处涂防水涂料，以防止潮气渗入木地板背面。

39. 三层实木地板铺设完工后，应如何验收？

三层实木复合地板铺设完工后，应按附录 11 “WB/T 1030—2006《木地板铺设技术与质量检测》”中指定项目验收其内容，见表 5-3。

表 5-3　三层实木复合地板允许安装偏差

项目	允许偏差/mm
平整度	≤3
拼接高度差	≤0.3
拼装高宽	≤0.4

40. 如何检测拼装离缝？

拼装缝隙是指两块地板之间的缝隙。在铺设完地板时，用目测测出缝隙最大处，然后将塞尺塞入缝隙中，根据缝隙大小，塞一片甚至两片，总之直到塞片无法再塞入缝隙中，将塞入缝隙的塞尺拔出，读塞尺上数字，即为缝隙宽的值（若插入两片即两片的累加数为缝隙值）。

41. 如何检测拼装高度差？

拼装高度差是指两块地板拼装时是否有高低误差。首先可用手摸地板，手感两块地板之间是否有不平的感觉，然后以此为测点，将直钢板尺紧贴偏高的地板蹲下侧看是否有亮光，亮光处就说明钢板尺与地板无法紧贴就有高低不平引起的缝隙，此时将塞尺塞入，记下塞片的数值（两片以上就累加数）即为高度差的值。

42. 在体育场馆、健身房三层实木复合地板铺设，与普通场所或家庭有何区别？

铺设普通场所或家庭时，对三层实木复合地板只考虑性价比、经济承受能力与装饰协调性，而铺设体育场馆、健身房的三层实木复合地板除一般质量要求外，还应满足体育场馆、健身房的特殊功能，如球的反弹率、滑动摩擦系数、冲击吸收率等，为此该功能的要求只能在铺设时增加相应的辅料来满足。铺设的方法选择性比普通场所或家庭要少，通常采用毛地板垫层龙骨铺设法，在铺设时再增加垫层，而且在地板下还必须设通风道。

43. 何谓球的反弹率？如何检测球的反弹率？

利用标准篮球分别在铺设的三层实木复合地板上检测，测量篮球的反弹高度。

1）检测方法

（1）将球举到篮球下缘距三层实木复合地板 1800mm 处下落，测反弹高度。

（2）将篮球在坚实的混凝土面上反弹，高度通常为（1300±25）mm。

（3）每个测点进行五次。

2）计算

篮球的反弹率按下式计算（用百分比表示精确至1%）：

$$B=\frac{h}{h_1}\times 100 \tag{5-1}$$

式中 B——篮球的反弹率，%；

h_1——篮球在混凝土面上的反弹高度，mm；

h——球在三层实木复合地板面上反弹高度，mm；

44. 在国家级体育场馆三层实木复合地板铺设时，应具有怎样的结构层才能满足功能要求？

体育场馆三层实木复合地板铺设应具有如下三大结构层，如图5-3所示。

为达到体育场馆在具有反弹率、防滑等功能，其结构层的第一层（与基层面接触层）是弹性垫层，其材料能承压而具有弹性的材料，通常采用橡胶层为居多，形状可方块或条形状，无论采用哪种形式，均必须保证龙骨和敷设在其上的材料能在垫层上牢固平稳的固定。第二层是龙骨、毛地板，龙骨有主龙骨与副龙骨，该层主要是承受许多运动员在弹跳和跑步时的弯曲应力和刚性强度。第三层必须保证板面平整、耐磨不滑。

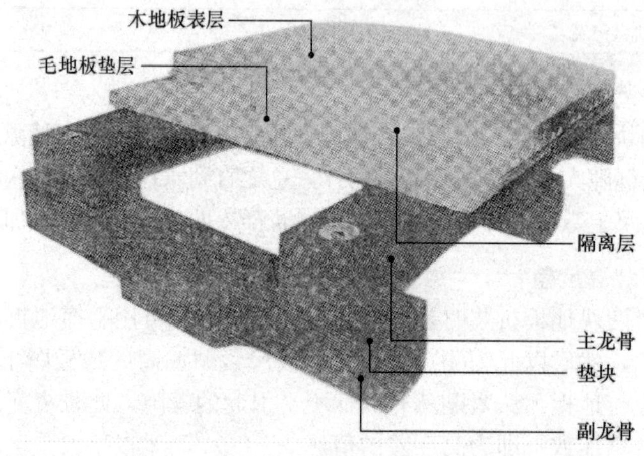

图5-3 体育场馆铺设木地板时结构层

45. 试述国家体育场馆、舞台、舞厅、高级健身房铺设三层实木复合地板的要点。

国家体育场馆、舞台、舞厅高级健身房铺设三层实木复合木地板、铺设后必须具有弹性好、冲击力好、耐磨性好、防滑、防潮与防蛀性好等特点，因此铺设三层实木复合地板的质量必须优质，通常都采用毛地板垫层龙骨铺设法。其铺设要点如下：

1）材料选择

（1）三层实木复合地板应选择尺寸稳定性好、力学强度好的材种。常用的材种有柞木、水曲柳、枫木、桦木、橡木、榉木、柚木（舞厅用得较多），其加工精度必须达到优等品标准，规格厚为20～25mm、宽为50～70mm、长≥500mm但不宜太长。甲醛释放量为E_1级以下，通常是白坯地板，现场铺设后油漆。

（2）毛地板可选择多层柳桉胶合板，厚为18mm，甲醛释放量必须为E_1级以下，或选择实木，材种为针叶材，如落叶松、辐射松、杉木等，厚度为25～30mm、宽12mm，而且必须经干燥窑干燥，含水率≤13%（因地区而选）。

(3) 主龙骨宜采用与毛地板材料一致的木龙骨，含水率≤13%，四面刨光，精度为±0.2mm，规格为：长×宽×厚=400mm×50mm×80mm，必须经防腐处理。

(4) 副龙骨材种的含水率与主龙骨相同，长×宽×厚=350mm×50mm×50mm。

(5) 减震材料通常材用油毡或玻璃纤维垫层材料，若要隔音还可采用岩棉等吸音材料。

2) 铺设

(1) 先做通风设计：通风口设置在两侧或四周。

(2) 预埋膨胀螺栓：在混凝土的地面上打膨胀螺栓孔，把膨胀螺栓放入。

(3) 固定主龙骨：将主龙骨放入预埋螺栓上，并稍微拧紧螺帽，用木垫板垫平，待平整后再拧紧螺帽，其平整度为±1.5mm，再将两根主龙骨用夹板钉牢。

(4) 固定副龙骨：将副龙骨放入两根主龙骨之间，用铁钉与主龙骨固定。

(5) 固定毛地板：将毛地板用铁钉与主龙骨固定，毛地板的接缝应互相错开，平整度应达±1.5mm。

(6) 铺装特制油毡于毛地板与三层实木复合地板之间。

(7) 安装三层实木复合地板：将地板用规格为50的螺纹钉钉牢在毛地板上。为防止铁钉钉入会造成地板开裂，可先将地板钻孔后钉螺纹钉。

(8) 检查平整度：平整度1.5mm/m之间，边检查边记录，发现问题及时调整。油漆板就至此结束。

(9) 若白坯地板还须进行打磨砂光、油漆：用砂带机打磨直至又平又光滑，再测平整度，应达±1.5mm之内。涂料采用哑光耐磨聚酯漆，涂刷六遍，面漆涂刷二遍，在涂刷每一遍漆之间，用极细砂纸打磨。

第二节　售后服务

46. 试述售后服务在企业营销中的作用?

随着国家房地产调整政策的出台，地板市场竞争也变得更加激烈，消费者观念也从盲目消费到理性消费。为此促使企业将重点放到提供优质服务，以保证客户的满意和信任，并使竞争优质得以持续。

木地板对客户来说仅仅是半成品，它必须经过工人规范施工才能给客户享用。这一特殊产品使企业认识到服务的重要性，必须强化售后服务，树立“商品出门、企业负责到底”的理念。

售后服务对企业的生存发展具有与产品质量、技术创新同等重要的意义，它是当今十分重要的一项营销艺术。通过售后服务赢得客户的口碑，使优质的地板效益最大化，使消费者放心，正如圣象老总所言，在当今市场竞争中，服务已是企业的第二生命，是市场竞争的焦点，是企业赢得市场、声誉的重要手段，是扬品牌之名、产品之名的最快捷的途径。

47. 售后服务部门的日常工作包括哪些内容?

售后服务部门虽然不直接参与营销，但它是扬品牌之名的重要保证，也是产品保利润、创新利润的重点组成部分，因此要尽职做好售后服务的日常工作。其内容如下：

(1) 负责公司的日常售后服务工作，定期召开工作例会总结交流售后服务中经验和问题。

(2) 负责接待客户投诉并作详细记录，对每宗客户投诉案例进行分析，在48h内做出处理通知客户，并建立客户档案。

(3) 负责督促有关人员实施投诉案件处理方案。

(4) 负责对客户进行跟踪回访服务，耐心听取客户意见或建议，并进行整理汇总向有关部门沟通提出产品改正建议。

(5) 积极支持下属经销商售后服务工作，并在技术上积极协助和支持。

48. 售后服务投诉受理人员应具有怎样素质?

售后服务投诉受理人员是企业的窗口，必须具有如下良好的素质：

(1) 办事能力强，胆大心细，遇事不慌不忙，不胡说乱语，处理问题给顾客承诺留有余地。

(2) 对企业忠诚，在工作中以企业利益为着想点，工作不拖拉，遇到重大事情及时向领导汇报，不隐瞒事实。

(3) 有专业知识，能从现象看本质，态度亲切和蔼，能虚心听取客户诉说，不轻易表态，经调查、研究、协商再表态。

(4) 有广泛的人际关系，了解地板验收标准、消费者权益保护法等法规。

49. 受理各类投诉案件后，售后服务人员如何与公司相关部门沟通?

在受理投诉时，既要及时地解决消费者提的各项问题，同时也要从投诉中了解到在市场销售中存在产品某些缺陷和服务不足，所以根据投诉分析问题，并及时向有关部门反映沟通，使产品更优、服务更完善。所以在接受投诉与解决问题时，应汇总及时反馈给有关部门，使公司在质量和服务更上乘。

(1) 涉及产品质量，应及时与研发、设计和生产部门沟通。

(2) 涉及铺设引起的质量投诉，应与营销与工程部门沟通。

(3) 受理投诉中涉及包装破损、损坏地板或地板保管不慎影响地板缺损，应与公司流通运输部门沟通。

(4) 受理投诉中涉及经销商、直营店、过度承诺或工期时，应及时与营销部沟通，并积极协助协调。

(5) 受理投诉中遇到产品质量、服务不当、顾客升级向媒体曝光影响公司形象，应迅速及时与公司领导反映，快速解决挽回公司的信誉。

50. 售后服务人员在处理投诉案例时应掌握哪些原则?

售后服务人员在处理投诉中应掌握尺度，虚心听取客户意见，以负责任的态度作出快速反应，进行专业的处理，其处理原则时：

(1) 站在客户的立场述说处理方案。

(2) 尽力为公司节约资源。

(3) 努力避免投诉事件升级。

51. 正确处理投诉中有哪些技巧?

在处理客户投诉的原则是大事化小，并在处理中：

(1) 道歉的语气

当接受客户投诉时，无论是何原因，先应该向客户表示“问题的出现，给您带来不便了”等谦逊的语气，同时还要告诉客户“公司将会负责任地处理您的问题”。

（2）移情

同情的语气听取客户抱怨，表示公司对其问题的重视，使其情绪由愤怒逐渐地被你的同情语中获得释放而转向平和。

（3）快速反应

用自己理解的语言把客户的抱怨复述一遍，使客户确信你已理解客户的问题，而且对此与客户达成一致，使客户欣慰，并表示公司将愿意尽一切努力解决。

（4）补偿

尽力所能，只要不影响或少影响公司利益，为客户提供他所提的要求，满足客户要求，解决了客户的投诉，还可赠送一些公司的小礼品，使客户感到愉快。

（5）跟踪

为客户解决投诉后的一周内，打电话或发微信，征求意见，以示“公司负责到底”的理念。

客户问题得到良好解决，他将会在单位、亲朋中互相传播，是最好的宣传，另一份签单将会随之而来。

52. 在营销终端遇到国家有关部门抽检地板产品时，应如何正确对待？

为规范市场保护消费者权益，国家工商部门执检人员将会不定期到市场抽检，应热情接待。

（1）抽检是正确行为，店长应热情接待，而且有礼貌地请求抽检人员出示证件与抽检通知文件，有意识地引导抽检人员抽取，自认为有把握的地板，并将抽取样品文字凭证与电话留下。

（2）抽检人员进店，应及时通知企业汇报抽取样品的实况，共同关注抽检结果。

（3）抽检的结果要做两手准备，地板的不确定因素很多。当接到产品不合格的通知时，千万不要拖延，应及时申请复审（若不提出复审，就表示默认），也应及时通知企业，找原因做好复审准备。

（4）应鼓励经销商积极和正确的态度，可以将被抽样品和抽检过程的费用，企业给予补助，以资鼓励，若相反则应作惩罚。

53. 试述客户投诉处理的流程？

客户投诉处理的流程大致如下（可适当根据情况加或减）：

（1）接受客户投诉；（2）文字记录投诉内容与诉求；（3）到现场勘察、查找原因；（4）公司研究后提出处理意见；（5）与客户协商取得双方认可的方案（修补、补贴、赔偿、更换、重装）签单与签字；（6）现场处理和维修；（7）验收结算签署意见；（8）整理汇总存档（其投诉表见附录 16 表 16-6）。

54. 售后服务遇到客户投诉，哪些案件应积极抓紧处理？哪些案件应该缓慢处理？

处理客户投诉是一件复杂的系统工程，为使客户满意必须耐心多一点、态度好一点，既要耐心地听取消费者的诉求，又要快速把问题解决，但是在解决问题时，也要分清问题的内容，如出现客户跑水地板产生凹瓦变、地板铺后出现不平整、地板大面积拱起等这些现象，遇问题应迅速处理能挽救地板块，使损失减少，如遇地板在北方地区铺后出现缝隙，又如地板因光照等原因产生变色。这些问题投诉后应缓慢处理，但并不等于不处理，而是应向客户说清理由，缝隙产生室内空气过干（暖气开放）或地板含水率过高，因此须观察一段时间让地板再干，会发生如何情况，观察是个别的地板块有缝隙，还是较多的地板块有缝隙，否则当缝隙大的地板处理后，其他处又出现缝隙。若观察数天后处理，这样可以一次性把问题都暴露出，一次性解决。色变也是同样的原因。

55. 三层实木复合地板铺设后出现质量纠纷时，客户将被铺设过的地板送去检测是否合理？为什么？应如何解决？

三层实木复合地板虽然具有尺寸稳定性好的特点，但是它三层板材都是木质，所以它还是具有干缩湿胀的固有性质，因此拆包经铺设后，受室内空气干、湿度变化，地板尺寸也会引起变化，所以若用铺设后的地板检测，肯定尺寸误差大，所以不能将铺设过的地板去检测，而是应该用与铺设的同批三层实木复合地板未拆装的包装箱中的地板去检测。

56. 消费者使用一个月后投诉地板铺的不平，或有缝隙，此时售后服务人员应按何标准判定是否超值？

消费者使用一个月后如产生地板质量纠纷时，应按附录12 WB/T 1017—2006《木地板保修期内面层检验规范》中规定的数据进行判断地板是否超值。因为WB/T 1017—2006标准中规定是要地板铺设完，而且是在竣工后三天验收。因为木材是活性加工后的，木地板也是活性的，所以国家标准规定刚铺完三天至一周。按铺设标准测定，若超出时间按保修期标准进行保修。

57. 什么是凹瓦变？三层实木复合地板为什么会出现凹瓦变？

凹瓦变就是地板表面宽度方向不平，向下弯曲称为凹瓦变。其产生原因是因各种原因造成水或潮气进入到地面，而水被封在地板下面很难散发，地板皆是表面油漆多遍、封闭性好，而背面却只有一遍或二遍，其封闭性差，所以水都被地板的背面吸收，就使背板膨胀，而地板表面封闭性好吸水少，所以正面与背面膨胀量不一致，就出现凹瓦变。

58. 铺设的三层实木复合地板出现凹瓦变现象，应采取何措施进行制止？

三层实木复合地板有凹瓦变现象时，应采取如下方法，不让其问题严重化：

(1) 凹瓦变出现微量的现象时，应迅速将靠近地板凹瓦变现象处的踢脚板拆下，让其地板下方的潮气，通过自然对流，有效的释放，也使有微量凹瓦变的地板随释放慢慢恢复平整。

(2) 地板凹瓦变现象很明显时，除了拆下相近的踢脚板，还应将踢脚板相靠近的二三排地板拆下，平放在无太阳直射的阴处的地面上，并在其上加压平整重物，让其缓慢地将地板中潮气释放出，使其恢复平整。

59. 凹瓦变地板达多少值属超标？如何测定？

凹瓦变现象在地板铺设中，属于经常遇到的现象，因此在标准中对其作明确规定，按附录12 WB/T 1017—2006《木地板保修期内面层检验规范》中明确规定，凹瓦变的弦高与地板宽度之比≤1%，即在标准之内。测定凹瓦变的方法是：将直钢板尺紧贴在凹瓦变地板翘起的两个长边上，用塞尺塞入钢板尺安放的最大间隙处（学名称弦高）。塞尺塞入钢片数的累计即为弦高。把此值与地板宽度相比所得值（用百分比）若小于1%即符合标准。

60. 何谓地板起拱？何原因造成？

地板局部区域向上拱起与基层地面脱离呈悬空状态的现象，称为地板起拱。

地板起拱的原因是：① 地板本身含水率过高；②室内环境相对湿度过高如墙体湿度超过20%；③ 地面含水率过高；④地板离墙伸缩缝留得过小；⑤房间过大，未作隔断处理。

上述五个原因中一个原因以上都会使地板尺寸受潮、尺寸变大，致使地板胀后无法伸展只能将地板向上拱起。

61. 如何解决地板起拱现象？

铺设的地板发现有起拱现象，售后服务人员应迅速采取措施解决，否则将越来越严重，损失惨重，其解决的方法是：

（1）发现地板起拱后，在其起拱的最高处应用电动圆锯将其锯开，使其张应力释放，不再膨胀而拱起，然后观察一周，观其他处是否还有拱起现象，若不再拱起，就把割断的地板换新地板再铺上。

（2）地板起拱成大山包形状时，此时应立即拆去相近的踢脚板，让其加速通风换气，把已拆下的地板进行检查，严重受损换新地板，有拱但不严重者将其平整放置于地面，上面加物平压，恢复可用于再铺设。

62. 何谓响声？述说其产生的原因？

当脚踩在地板上偶尔发生响声，这是难免的，因三层实木复合地板三层板都是纯木材，热压而成，它随着室内干湿度变化，木地板的板材也有微量尺寸变化，偶尔引起响声是允许的。如果榫槽或锁扣的连接处有松紧变化，时而引起有间隙处发出咯吱响声，这就属于不正常现象，响声产生有以下几方面原因引起：

（1）铺设三层实木复合地板的基层地面强度不够，因此人们经常走动处或重物搁置处的地面有微微下沉，使地面平整度不平，这样也就使铺在其上的地板，平整度有高低现象，使榫槽或锁扣有松动而引起响声。

（2）地面湿度超过允许值其潮气被地板吸收，引起地板尺寸变化，联接处位移产生摩擦响声。

（3）养护不当引起响声：① 在木质油精中含有水分超过比例值，或其松香含量过高。②清洁地板时，拖把未拧，滴着水的拖把清洁板面，使水滴入缝隙中，被地板吸水而引起响声。

（4）采用龙骨铺设，其龙骨含水率高、龙骨不平整、龙骨与地面固定牢固度不够等原因致使地板引起响声。

63. 何谓裂纹？地板出现裂纹的原因是什么？

裂纹是指木地板表面或端面处出现，深浅不一的细微条状裂缝隙，称为裂纹。其往往出现在地板的漆膜表面或出现在木地板的白坯面上或端面上。而在木地板坯料上的裂纹，经常是在加工时未发现，而铺设后却显现出来。

产生裂纹的原因是：①由于铺设环境引起，如在近窗户或门处长期受太阳直射造成地板表面干缩过快，致使木地板表面干得快，而里层因水分释放的慢，应力收缩不一致，而造成开裂。②地板含水率高于当地平衡含水率，木地板含水率与室内环境含水率不一致木地板的水分在向外移送的速度快慢不同，应力不同，使木材收缩也就不一，因而引起开裂。③被加工的木材有隐裂，在加工时不显现，当暴露到大气中时，受环境的气候变化，而显现出裂纹。④漆膜显现的裂纹也有多方面，有的属于漆膜过硬而产生脆裂，也有的油漆时，木地板含水率未达标准而引起（详情见第四篇辅助材料中第二节涂料）。

64. 三层实木复合地板铺设后一个月，地板表面颜色深浅差异较大或产生色泽不协调，其原因是什么?

色泽不匀、深浅差异很大，其原因木材是天然生长的有机生物材料，易受光、热等作用而发生颜色变化，其中紫外线影响最大，所以木地板近窗户处长期紫外线直射后，发生化学降解，而使木材中含有的酚类、黄酮类等化合物在紫外线照射下，而发生变色，如柚木地板变色后出现橙色和黑褐色斑点，又如印茄木材中含有深褐色树胶物质，而这些物质很容易渗出，与铁或铁化合物，接触会发生变色，所以木地板铺设后，出现色泽不协调，其原因有紫外线照射的原因，也有因遇有相应的成分而引起色泽局部变化。

第六篇　木地板事故案例分析

案例一　环境与地面潮湿，导致三层实木复合地板凹瓦变

这是上海闵行区一幢新盖的多层建筑。刚盖完马上装修，在其二楼面积约为300多平方米的会议室，铺了三层实木复合地板，其地板是用户直接向某厂购置的。铺设是盖房建筑公司的装饰队铺设的。在铺后半个月，用户发现会议厅地板轻度瓦片状变形，用户的结论是地板质量有问题，因此向厂方投诉，厂方立即派售后服务人员李某去现场勘察，勘察后的结果：

（1）地板铺设宽度8m以上未作隔断。

（2）踢脚板8mm厚，拆除踢脚板发现其伸缩缝全部被地板胀满。

（3）墙面用手摸又凉又潮，测定含水率为30%。

（4）墙抹灰粉刷后第二天铺设地板。

售后服务人员鉴于上述原因得出结论：不是地板质量有问题，而是因为环境与施工不当所造成的。但装饰队（即铺设方）不同意厂方意见。用户提出地板全部拆下来换新的，装饰队怕承担经济责任，不同意。因此三方争议不下，没有处理结果。待第二天再解决时，发现“凹瓦变”越来越严重。在这种情况下，厂方坚持把踢脚板靠近的地板先拆下二排，发现防潮膜局部处有拼接缝隙，因此掀起防潮膜，测地面含水率已达26%。根据测定数据，用户与铺设方都哑口无言，承认与地板质量无关。

案例二　大理石未做阻水层，导致地板凹瓦变

家住浙江杭州西山别墅区的李先生想在客厅铺设木地板，但又觉得客人进屋换鞋既不方便又不礼貌，因此他在客厅过道玄关处采用大理石装饰材料，中间铺三层实木复合地板，这样客人就能直接穿鞋进入客厅。当时铺完后，从装饰格调和铺设效果都满意，但是过了40多天后，他发现大理石周边铺的木地板在灯光照射下有波浪形，随后有几块到几十块地板出现中间凹、二边翘的波浪形，而且越来越明显，但这种现象在卧室铺的地板中却没发现。为此，李先生打电话给装饰公司，装饰公司又打电话给地板经销商，定当天同去现场解决。在现场，装饰公司一口咬定，这是地板质量问题（消费者认同，而经销商矢口否认，但又没充分理由），双方争执不下，最后决定打电话请专家赴现场认定。专家随身携带含水率测定仪到现场测定，结果如下：卧室内三层实木复合地板的含水率都为12%以下，客厅的三层实木复合地板的含水率：客厅中心处为13%，在靠近大理石铺设的三层实木复合地板含水率为18.2%、19.8%，甚至有几块达到20.2%。

[案例分析]

根据专家勘察后测定的含水率值判定，大理石附近的三层实木复合地板含水率高于其他处。为了进一步证实，他们把该处的地板拆除再观察和测量，发现该处地面含水率值为25%，而且有明显的“潮”痕迹。为什么该处的含水率高，其原因是：

大理石是用水泥砂浆粘结的，大理石铺设完后，第二天就铺木地板水泥砂浆就被封住了。水泥未干透就铺木地板，就使得水泥潮气无法释放到大气中，而被木地板所掩盖，这样潮气就逐渐被大理石邻近铺的三层实木复合地板背板吸收，而且越吸越多，所以凹瓦变的地

板越来越严重。

［解决措施］

（1）将靠近大理石处的地板拆下二排，让其自然通风一周。再测地面含水率必须为≤20%。

（2）在大理石与地板交界缝隙处，应补防水硅胶，有效制止水分流动。

（3）拆下凹瓦变的地板应平放在阴面处晾干后，平整的地板继续重铺在原处，不能恢复平整的应换新地板。

从以上分析可得结论：该事故的责任是装饰公司，因此经济损失应该有装饰公司承担。

案例三　伸缩缝留得过小，导致地板起拱

上海黄浦区某小区王女士在一层客厅与卧室都铺三层实木复合地板，因装饰公司全包装饰活儿，所以王女士认为自己只要在质量上把关就可以了。二月份铺地板时王女士全程监督，要求工人铺设时，力求严丝合缝，尤其铺设客厅时更为严格，铺设后王女士很满意，也邀请周围邻居来参观。铺完后，为了散发装饰中有害气体，将房空关两个多月，她出外探亲旅游。六月下旬回沪准备打扫入住，打开房门她惊讶地发现，铺的地板有多处出现拱起现象把放在地板上的小茶几都拱起离地。为此王女士打电话找装饰公司评理，装饰公司认为是地板质量问题，王女士又打电话给地板企业，双方到现场互不承认自己的责任，都把责任归结为地板质量。为了分清事故责任，特邀请专家赴现场。

［案例分析］

（1）专家和企业售后服务人员在现场勘察，为避免地板拱起更多、损失更大，建议装饰工人把拱起地板锯断，使其应力释放，然后测地板宽度，普遍加宽了0.012mm，墙面含水率为30%，窗处墙面含水率为35%。

（2）拱起的原因：① 由于5、6月份时上海的天气阴雨连绵，造成室内环境的湿度严重增加，所以墙面含水率过高；②二月份铺的时候气候干燥，而且王女士要求工人铺设时要严丝合缝；③铺设后关门大吉，使潮气无法释放到室外。

［解决措施］

（1）把拱起高处地板锯开，使膨胀应力释放。

（2）室内开窗通风形成自然对流（适当还可用电扇吹强制通风）。

（3）拆下地板平放在阴处，用重物压平，再挑选能恢复的，都可重新用于铺设。

（4）事故责任主要是消费者使用不当，未定期适当开窗通风换气。

案例四　水泥地面强度不够引起地板响声

北京东城区张先生在一层客厅和错层卧室铺设枫木三层实木复合地板。铺设前，铺设工长勘察现场发现该地面坑凹严重，因此向张先生提议请装饰公司对地面用水泥砂浆再抹一层进行平整。张先生同意该建议，为此推后铺设一个月，铺完后张先生验收地板，从平整度到颜色协调性都很满意。张先生使用两个月后，又亲自到专卖店投诉，说地板多处有响声。

[案例分析]

售后服务人员薛某到李先生家勘察，当他进入李先生的家门用脚踩在地板上走进过道时听到有咯吱响声，再走到大柜处时，又听到咯吱响声，再走到三人沙发处又听见有咯吱响声。

薛某在勘察过程中：① 首先测地板含水率，几处都达到标准要求11%。②用2m靠尺测地面平整度过程中，过道、大立柜、沙发等处分别超过3mm，甚至达4.5mm。

从上述测定值分析含水率无问题，而地面平整度有问题。但为什么铺地板时平整度达标，而现在却出现不平整，其原因何在？为探究竟原因，薛某又争得李先生同意再拆去不平处的地板，发现地板下面的水泥地面局部处稍有凹陷，使得地板下陷，地板榫槽（锁扣）间产生位移、松动，就使木地板侧边产生移动摩擦发出咯吱响声。

为什么响声发生在衣柜、沙发、过道？其原因是该处水泥地面承受重压或走动频繁，所以使其下陷。据调查，当时装饰工采用的水泥强度等级太低，所以承受压力能力差，当压力大时就下陷。

[解决措施]

事故责任方是装饰公司，请其修补地面找平，然后再调整地板平整度。

案例五　维护不当，引起地板响声

北京军区某小区杨师长的家面积有200多平方米，除厨房、浴室外，全部铺设三层实木复合地板，铺设完毕后，各项指标按WB/T 1030—2002《木地板铺设技术与质量检测》标准验收都合格，消费者签字验收。但是过了三周企业接到投诉电话，在两间卧室铺的木地板，只要脚踩在上面稍微走动就发出“吱咯吱咯”响声，晚上都不敢起床，怕影响其他人睡眠，杨某请企业赶快派人解决问题。售后服务人员接电话后，马上去客户家。

[案例分析]

售后服务人员季某进入现场，在客厅处没发现有响声，进入二间卧室，只要走几步就发出响声，而且咯吱声中还伴有踩在碎玻璃上的声音。季某感到奇怪，一般的响声发生在局部处，可这踩在哪儿，稍一加重脚步，就发出响声，而且似乎有连带的声音，即踩在一处，离开稍远处也会有响声，而走进另一间房却没有响声。季某就询问客户，有响声的卧室是否跑过水，客户回答说没有，后再询问才知道有响声的房间做了地板护理，即请人做过木质油精喷涂护理。响声的源头就是木质油精引起的，因为在木质油精中含有松香，若松香含量过多，人踩在抹有松香木质油精的地板上就会使地板受压，迫使松香与木地板表面产生摩擦，因为木质油精喷洒在整个房间的地面，所以人们踩在哪儿，哪儿就响。

[解决措施]

(1) 响声原因是维护不当，事故责任有消费者杨师长自负，与地板质量无关。

(2) 立即反复擦拭，去除地板表面的木质油精。

案例六　地板榫槽配合太松，引起地板响声

天津塘沽开发区用户黄先生的家铺设材种是柞木的三层实木复合地板。铺设后不久，他就向专卖店投诉踩在其上，每间房间都有两处以上响声，让公司速派人解决。

［案例分析］

售后服务人员老张立即奔赴现场，进入三间卧室踩在上面，有的房间三、四处有响声，踩在上面的响声，感觉是单片响声，但咯吱声音不是太大。售后服务人员凭经验认为，若是单片的响声，应该是地板榫槽配合太松？因此脚踩在其上施加压力使地板榫头往下移，木材摩擦引起单片摩擦声而发出的咯吱声音。

这仅仅是经验，为了核实此推断是否正确，售后服务人员老张发现在阳台上有一包未用完的木地板，正好用户用塑料包裹着放在包装箱里，拆下原包装测量有8块地板，其地板的槽与榫头之差达到0.5mm，配合间隙大于标准值，说明此推断是正确的。所以人行走踩在其上时会发出响声，地板响声处都是在紧靠用户安放家具处，不会影响经常走动的地方。

［解决措施］

地板响声不是人们经常走动处，对生活影响不大。因此与消费者协商，如果再拆下换新地板，既乱又费事，而且还影响生活。响声是在不经常走动处，因此公司做了一些经济补偿，用户也表示同意接受。

案例七　阳光直射，导致地板色变

北京五棵松总后军区住宅小区李参谋的家是200多平方米三室二厅二卫的居室，除阳台厨房外都铺设三层实木复合地板，其材种为黑胡桃木。地板铺完后因为还要装饰灯、窗帘等。为了保护地板漆面他就在行走区域铺了一些纸板，结果放有纸板部分地板的颜色明显深于其他地板，在地板上留下一块块方方正正的图形。用户还反映，地板刚铺完时地板色差不十分明显，现在色差较以前严重了。因此请公司派人来查看到底是什么问题。

［案例分析］

公司售后服务人员接电话后，立即赶往五棵松现场向用户了解情况。李参谋说，地板铺装后，装灯、窗帘等用了一个月，期间用户经常打开窗户，让新居室通风，因此铺地板后两个月多中也没有把窗帘装上，而这两个月正是九十月份，北京阳光普照，因此三层实木复合地板表面漆膜在阳光照射下，其表面会迅速地发生化学降解氧化反应，使漆膜与木材表面颜色发生变化，由于地板照射到角度和时间不同，变异情况不同，色泽变化不同，所以色差大的原因是木地板中内含物引起的，但是这种色差随着时间推移将会有所好转。

［解决措施］

经过售后服务人员耐心的分析，客户李参谋及其家属认识到了导致地板变色的原因。公司建议客户在阳光直射时，用窗帘适当遮挡阳光。为表示公司的承诺，公司承诺在年内为客户承担保养。

案例八　铁艺家具引起地板变色

东北沈阳铁西区某小区张先生在客厅和卧室都铺了材种栎木的三层实木复合地板，铺完后将家具搬进新居入住。但是过了三个月张先生屡屡打电话给地板专卖店，述说其个别地板表面出现黑色斑点与黑色污迹，请小时工擦地板，该处始终也擦不掉污迹，请派人来查看是什么原因。

［案例分析］

售后服务人员老李到现场后，发现在客厅是有好多块地板表面有黑污迹与黑斑。老李蹲下用湿布怎么擦也擦不掉，也不得其解。老李回公司后向领导反映了此情况，领导说北京刚好有地板专家在我厂开会，请他一起到现场察看。第二天专家到现场察看，发现客厅中茶几和藤椅采用的都是铁艺家具，专家说问题的原因找到了。原来他看到茶几上放着一套茶具，而且还有一个杯子中盛着茶水。专家通过观察，分析其原因有两个：

（1）张先生经常在铁艺茶几上沏茶招待客人，因此难免有茶水不小心倒在茶几上，茶水顺着茶几或椅子腿流入地面。该家具的腿都是铸铁的，栎木、柞木等材种内含物中都含有单宁，单宁和铁离子发生化学反应变成黑色斑点或黑线等形状，所以张先生家中客厅的地板在临近茶几处有多块地板出现黑污迹。

（2）张先生家打蜡的拖把夹具的螺丝帽也是铸铁的，所以在养护中不小心铁板锈蚀与地板相接触发生化学反应，形成黑色斑点。

［解决措施］

（1）把产生的原因告诉消费者，让他在使用中注意干燥。

（2）告诉消费者可用草酸水溶液刷在黑斑处可去除，但也可能出现发花。因此专家建议如果黑色斑点或黑污迹面积小，不仔细观察不影响美观，就不要清除。

案例九　地面渗水，导致铺设的三层实木复合地板蓝黑变

上海闵行虹桥小区的李先生家里采用水地暖装置，地暖验收合格后，就铺设橡木材种三层实木复合地板。铺设验收签字后三个月，李先生发现地板表面局部处呈现有蓝黑色，当时就几块地板有蓝黑色，而且很微量，李先生也不经意，随着时间推移地板块数递增。为此，李先生就打电话给公司，请公司派人来解决。

［案例分析］

公司派售后服务人员到现场勘察，并邀请专家一同前往现场。他们发现地板表面出现的黑斑好像人的皮肤上长的黑斑。他们就在地板呈现的黑斑处测地板含水率，发现含水率普遍都在17%以上。因此，专家建议拆除两排地板，发现地面的防潮膜有水气，而且有两处防潮膜有裂缝，从裂缝处往下看地面有部分黑色痕迹，此黑色痕迹为水迹，专家再用含水率测定其值为24%。为什么地面含水率超出标准值还进行铺设，经询问李先生，专家才知水地暖安装完第四天铺木地板，而水地暖安装完的当时就施工填充层找平层，而该层采用水泥砂浆抹平，找平层虽然经过四天干燥，而找平层已干确是一个假象，里层还未干，所以当地板铺设后将其盖住，混凝土里层的水无法释放到大气中，被地板吸收，此时又是夏季的黄梅季节，是真菌繁殖与生长期，所以此黑色是由于真菌的侵蚀而变的色。

［解决措施］

（1）把表面具有蓝黑变色木地板拆下，将地面吹干，使其含水率达15%以下。

（2）已有缝隙的防潮膜用胶带纸封住，使其密封。

（3）更换黑斑严重的地板。

案例十 三层实木复合地板铺后室内不热

上海闵行漕河泾小区的蒋先生家采用壁挂炉水地暖装置。安装完毕，验收进水管温度50℃，回水管温度达40.5℃，符合地面辐射供暖系统标准值，验收合格。蒋先生就请地板经销商派施工队铺三层实木复合地板，材种为桃花心木，铺设采用悬浮铺设法。铺设后一个半月进入冬季，蒋先生按操作规程将水管温度缓慢升高到50℃，持续保持该管温度，但是室内温度却始终达不到18℃以上，人感觉很凉。蒋先生就打电话给水暖安装公司，该公司回答很干脆“当时你验收是合格的”。蒋先生只好把地板施工方也请到了现场。三方在现场共同测定地板表面温度仅为20℃，再拆去下面的垫层铺垫宝与铝薄膜垫层，测地面温度达30℃。

[案例分析]

从垫层未拆时的地表温度值与垫层拆后的温度值的差值，可见其原因。用于地暖地板的衬垫层不宜采用阻热系数大的材料，因此不宜用铺垫宝，更不宜用铝薄膜。铝薄膜具有反射热的作用。

[解决措施]

拆去铝薄膜垫层与铺垫宝两种阻热系数大的垫层后，室温升到了舒适的19～20℃。

案例十一 地面渗水，三层实木复合地板表层漆膜分层脱落

南京鼓楼小区的张先生在一层客厅铺设三层实木复合地板，阳台铺设大理石地面装饰材料。地板铺设后两个月客厅地板部分出现瓦片状，又有部分地板表面漆膜分层，严重的甚至分层脱皮。张先生非常气愤地到地板专卖店，质凝地板质量有问题，要求赔偿。为此公司派售后服务人员老王到他家进行现场勘察。

用感应式含水率测定仪在木地板上测15个点的含水率，其中有11个点的含水率高于南京的年平均含水率值，为14%，其中最高值达22%，位于客厅与阳台交界处的地板有凹瓦变，也同时有漆膜层脱落。

[案例分析]

客厅与阳台交界处的地板明显有渗水现象。因此引起地板凹瓦变，又因凹瓦变导致地板漆膜挤压、开裂、分层而脱落。但是地板为什么会受潮？老王又进行勘察调查，发现阳台上安放了一台洗衣机，洗衣机的落水口开在大理石的水泥上，未安装PVC落水管，洗衣的排水管插入落水口的高度不足2cm，因此水在快速流时仅有部分水流入落水口，而部分流入了大理石水泥中，水被水泥中的毛细管慢慢吸入，渗透到客厅边缘被地板吸收，造成漆膜分层脱落现象。

[解决措施]

(1) 从上述测量数据看，不是地板质量问题，而是客户使用不当。

(2) 建议接加长PVC管，将排水管插入落水口。

(3) 将变形的地板拆下，使地面含水率达18%，然后换新地板铺设。

案例十二　三层实木复合地板变色

福建厦门集美小区的朱先生在春节前装修新居室，他在客厅和卧室的地面都铺设三层实木复合地板，其材种采用的是桃花心木。铺设完工验收时，朱先生全家很满意，认为地板不仅铺设得好，而且色泽与装饰风格很协调。但铺设两个月后，在靠客厅与南阳台交界处的地板，发现三块地板的表面初始有黑点状，朱先生认为是黑灰沾在其上用湿布擦，使劲擦也未擦掉，过了一周发现地面上黑点扩大为线状，他认为是地板腐朽引起黑点和黑线。为此朱先生怒气冲冲地打电话质问公司，是否把腐朽的地板铺在自己家。公司接电话急忙派老李到朱先生家勘察现场，的确如朱先生所述说的有三块地板显现不规则黑线，而另有两块地板蹲在地上看有不规则的黑斑。朱先生坚持要换地板，售后服务人员老李也确定不了是否是地板腐朽而引起的黑斑。为此老李只能先用好言好语解释，许诺明天请专家来现场察看后，再给出一个满意的答案。第二天经专家勘察后得出的结论是：不是霉变引起的腐朽，而是变色。

［案例分析］

专家到现场勘察：① 地板表面确实有的板面有黑点、黑斑或黑线。②用手摸地板表面是光滑的，无粗糙感觉，也没有发现有针孔，也没有严重的小孔。③ 观察黑点或黑斑分布的位置在地板表面颜色稍深的心材部位。

［解决措施］

专家得出的结论不是因地板的真菌引起地板腐朽，而是木材的内含物中单宁、酚类与铁离子形成黑变色。朱先生听了专家的结论，将信将疑地问专家，你怎么知道不是霉变而是地板材性引起的？地板上没有铁的东西，它怎么会变色呢？专家回答的理由是：① 黑斑出现在心材，若是霉变常出现于边材；② 地板表面较为平坦，若是霉变该处会出现隆起，粗糙不平。经再察看，原来阳台与客厅间有两扇铁艺装饰的门，再进一步察看在门的下沿，仔细地摸有很多的粉末即铁氧化的粉末。这时朱先生看后才心服口服。

案例十三　三层实木复合地板板面出现波纹状

——唯独三层实木复合地板才出现此现象

2007 年，位于北京东城区的北京市政府工作人员住宅小区，有的单位先垫资统一装修，最后一项装修的内容是铺设×××进口品牌的三层实木复合地板。地板铺设完后，在装饰公司项目经理陪同下进行验收，大家一致反映满意。各家各户拿了钥匙都马上搬入新家。但事隔两个月后，公司接到住户投诉，内容是：居室中多处地板有缝隙，而且地板板面从暗处向明处看，横向隐隐有波纹状。要求公司立即派人到现场查找原因，提出解决的措施。

公司接电话后立即派售后服务人员老王去现场勘查，解决问题，老王去现场勘查后，认为此时刚好暖气开放，造成室内环境干燥，引起缝隙。但造成波纹状的原因当时无法回答，准备研究后再告之。

当时老王建议业主在室内先采用加湿器解决干湿度。他认为室内空气潮湿后，问题也就迎刃而解了。但事实却相反，过一周后业主又打电话向公司投诉：地板问题更严重了。地板离缝后，还有近六块地板在端面出现了分层现象。老王接过电话后，觉得这问题从来未遇到过。因此，向领导汇报情况，决定邀请北京高志华教授同去。

类似上诉事故，还有其他两处遇到的。虽然不是同一品牌的三层实木复合地板，但分别在北京朝阳区来广营LV北京总部的办公楼和中央电视台新办公楼的第39、40层，在2013年也发生过上述情况，现以2007年事故发生点为例进行案例分析。

[案例分析]

高教授在售后人员老王的陪同下，到现场用含水率测定仪测定。

（1）地板有缝隙的含水率值已达9%、9.5%，而在阴面房间无缝隙的木地板含水率在13%。

（2）将有缝隙又有波纹状地板拆去两块，测地面含水率值为22%～24%，又发现该处防潮膜接缝处有缝隙，防潮膜里面模糊状，说明有潮气。

从上述两项测定值，可发现问题出现的原因：

（1）地板含水率值高于北京地区平衡含水率值，因此，在暖气开放后，室内干燥，地板收缩引起缝隙。

（2）地面含水率值高于地面含水率标准值，其原因是地面未干透就铺设地板，地面的潮气被地板的背板吸收后，又向上释放给芯板，芯板吸湿后变形为瓦片状，导致地板不平。但芯板因有9mm厚，其潮气极其微量传到表板。因此，在表板板面就出现隐隐的波纹状。

（3）三层实木复合地板出现分层的原因是：据现场调查，清洁工在清洁地板时，用滴水的拖把，因地板含水率高于当地含水率，在室内干燥时，收缩出现缝隙，而清洁工用滴水的拖把拖地时，将滴水漏入缝隙中，久而久之该处虽然水微量，但长期有水，使木地板两端部受潮后分层。

[解决措施]

（1）拆下踢脚板，将相近的两排地板拆下进行干燥，使地面含水率降到17%以下。

（2）地面干燥后将防潮膜接缝处用不干胶带严密地密封。

（3）有明显波纹状的地板更换新地板。

（4）地板缝隙大处重新排紧。

（5）清洁工清洁地板时，不能采用滴水拖把清洁地板。

附　录

附录1　GB/T 18102—2007《浸渍纸层压木质地板》(摘录)

5.2.5　浸渍纸层压木质地板的尺寸偏差应符合表1规定。

表1　浸渍纸层压木质地板的尺寸偏差

项　目	要　求
厚度偏差	公称厚度 t_n 与平均厚度 t_a 之差绝对值≤0.5mm 厚度最大值 t_{max} 与最小值 t_{min} 之差≤0.5mm
面层净长偏差	公称长度 l_n≤1500mm 时，l_n 与每个测量值 l_m 之差绝对值≤1.0mm 公称长度 l_n>1500mm 时，l_n 与每个测量值 l_m 之差绝对值≤2.0mm
面层净宽偏差	公称宽度 w_n 与平均宽度 w_a 之差绝对值≤0.1mm 宽度最大值 w_{max} 与最小值 w_{min} 之差≤0.2mm
直角度	q_{max}≤0.20mm
边缘不直度	s_{max}≤0.30mm/m
翘曲度	宽度方向凸翘曲度 f_{w1}≤0.20%；宽度方向凹翘曲度 f_{w2}≤0.15% 长度方向凸翘曲度 f_1≤1.00%；长度方向凹翘曲度 f_1≤0.50%
拼装离缝	拼装离缝平均值 o_a≤0.15mm 拼装离缝最大值 o_{max}≤0.20mm
拼装高度差	拼装高度差平均值 h_a≤0.10mm 拼装高度差最大值 h_{max}≤0.15mm

注：表中要求是拆包检验的质量要求。

5.3　外观质量

各等级外观质量要求应符合表2规定。

表2　浸渍纸层压木质地板各等级外观质量要求

缺陷名称	正　面		背　面
	优等品	合格品	
干、湿花	不允许	总面积不能超过板面的3%	允许
表面划痕	不允许		不允许露出基材
表面压痕	不允许		
透底	不允许		
光泽不均	不允许	总面积不超过板面的3%	允许
污斑	不允许	≤10mm²，允许1个/块	允许
鼓泡	不允许		≤10mm²，允许1个/块
鼓包	不允许		≤10mm²，允许1个/块
纸张撕裂	不允许		≤100mm，允许1处/块

续表

缺陷名称	正面		背面
	优等品	合格品	
局部缺纸	不允许		≤10mm²，允许 1 个/块
崩边	允许，但不影响装饰效果		允许
颜色不匹配	明显的不允许		允许
表面龟裂	不允许		
分层	不允许		
榫舌及边角缺损	不允许		

附录 2 GB/T 15036.1～15036.2—2009《实木地板》(摘录)

表 1 实木地板的尺寸

mm

长度	宽度	厚度	榫舌宽度
≥250	≥40	≥8	≥3.0

6.2.1.1 其他尺寸的产品可按供需双方协议执行。

6.2.1.2 根据安装需要，可在销售的地板中配比面积不超过5%的宽厚相同、长度小于公称尺寸的地板。

6.2.1.3 凹凸不平的仿古地板的公称厚度是指地板的最大厚度。

6.2.2 尺寸偏差

6.2.2.1 实木地板的尺寸偏差应符合表2要求。

表 2 实木地板的尺寸偏差

mm

名称	偏差
长度	公称长度与每个测量值之差绝对值≤1
宽度	公称宽度与平均宽度之差绝对值≤0.30，宽度最大值与最小值之差≤0.30
厚度	公称厚度与平均厚度之差绝对值≤0.30，厚度最大值与最小值之差≤0.40
槽最大高度和榫最大厚度之差	0.1～0.4

6.2.2.2 实木地板的长度和宽度是指不包括榫舌的长度和宽度。

6.2.2.3 凹凸不平的仿古地板的厚度差不作要求。

6.2.3 形状位置偏差

6.2.3.1 实木地板的形状位置偏差应符合表3要求。

表 3 实木地板的形状位置偏差

名称	偏差
翘曲度	宽度方向凸翘曲度≤0.20%，宽度方向凹翘曲度≤0.15%
	长度方向凸翘曲度≤1.00%，长度方向凹翘曲度≤0.50%
拼装离缝	最大值≤0.4mm
拼装高度差	最大值≤0.3mm

6.2.3.2 仿古地板的拼装高度差不作要求。

6.3 外观质量

6.3.1 实木地板的外观质量（表4）

表4 实木地板的外观质量

<table>
<tr><th rowspan="2">名 称</th><th colspan="3">表 面</th><th rowspan="2">背 面</th></tr>
<tr><th>优等品</th><th>一等品</th><th>合格品</th></tr>
<tr><td>活 节</td><td>直径≤10mm，地板长度≤500mm，≤5个；地板长度＞500mm，≤10个</td><td>10mm＜直径≤25mm，地板长度≤500mm，≤5个；地板长度＞500mm，≤10个</td><td>直径≤25mm，个数不限</td><td>尺寸与个数不限</td></tr>
<tr><td>死 节</td><td>不许有</td><td>直径≤3mm，地板长度≤500mm，≤3个；地板长度＞500mm，≤5个</td><td>直径≤5mm，个数不限</td><td>直径≤20mm，个数不限</td></tr>
<tr><td>蛀 孔</td><td>不许有</td><td>直径≤0.5mm，≤5个</td><td>直径≤2mm，≤5个</td><td>不 限</td></tr>
<tr><td>树脂囊</td><td colspan="2">不许有</td><td>长度≤5mm，宽度≤1mm，≤2条</td><td>不 限</td></tr>
<tr><td>髓 斑</td><td>不许有</td><td colspan="2">不 限</td><td>不 限</td></tr>
<tr><td>腐 朽</td><td colspan="3">不许有</td><td>初腐且面积≤20%，不剥落，也不能捻成粉末</td></tr>
<tr><td>缺 棱</td><td colspan="3">不许有</td><td>长度≤地板长度的30%，宽度≤地板宽度的20%</td></tr>
<tr><td>裂 纹</td><td>不许有</td><td colspan="2">宽≤0.15mm，长度≤地板长度的2%</td><td>不 限</td></tr>
<tr><td>加工波纹</td><td>不许有</td><td colspan="2">不明显</td><td>不 限</td></tr>
<tr><td>榫舌残缺</td><td>不许有</td><td colspan="3">残榫长度≤地板长度的15%，且残榫宽度≥榫舌宽度的2/3</td></tr>
<tr><td>漆膜划痕</td><td>不许有</td><td colspan="2">不明显</td><td>—</td></tr>
<tr><td>漆膜鼓泡</td><td colspan="3">不许有</td><td>—</td></tr>
<tr><td>漏 漆</td><td colspan="3">不许有</td><td>—</td></tr>
<tr><td>漆膜上针孔</td><td>不许有</td><td colspan="2">直径≤0.5mm，≤3个</td><td>—</td></tr>
<tr><td>漆膜皱皮</td><td colspan="3">不许有</td><td>—</td></tr>
<tr><td>漆膜粒子</td><td colspan="2">地板长度≤500m，≤2个；地板长度＞500mm，≤4个，倒角上漆膜粒子不计</td><td>地板长度≤500mm，≤4个；地板长度＞500mm，≤6个</td><td>—</td></tr>
</table>

附录 3　GB/T 18103—2013《实木复合地板》(摘录)

5.3　外观质量

5.3.1　实木复合地板的正面和背面的外观质量应符合表 1 要求。

5.3.2　拼花实木复合地板的外观质量应符合表 1 要求，且面板拼接单元的边角不允许破损。

5.3.3　重组装饰单板为面板的实木复合地板的正面外观质量应符合 LY/T 1654—2006 中 5.1 的规定，其他外观质量应符合表 1 要求。

5.3.4　调色单板为面板的实木复合地板的外观质量应符合表 1 要求，且面板色差不明显。

表 1　实木复合地板的外观质量要求

<table>
<tr><th rowspan="2">名　称</th><th rowspan="2">项　目</th><th colspan="4">正　面</th><th rowspan="2">背面</th></tr>
<tr><th>优等品</th><th>一等品</th><th colspan="2">合格品</th></tr>
<tr><td rowspan="3">死　节</td><td rowspan="3">最大单个长径/mm</td><td rowspan="3">不允许</td><td rowspan="2">2</td><td>面板厚度小于 2mm</td><td>4</td><td rowspan="3">50，应修补</td></tr>
<tr><td>面板厚度不小于 2mm</td><td>10</td></tr>
<tr><td colspan="3">应修补，且任意两个死节之间距离不小于 50mm</td></tr>
<tr><td>孔洞（含蛀孔）</td><td>最大单个长径/mm</td><td colspan="2">不允许</td><td colspan="2">2，应修补</td><td>25，应修补</td></tr>
<tr><td rowspan="2">浅色夹皮</td><td>最大单个长度/mm</td><td rowspan="2">不允许</td><td>20</td><td colspan="2">30</td><td rowspan="2">不限</td></tr>
<tr><td>最大单个宽度/mm</td><td>2</td><td colspan="2">4</td></tr>
<tr><td rowspan="2">深色夹皮</td><td>最大单个长度/mm</td><td rowspan="2" colspan="2">不允许</td><td colspan="2">15</td><td rowspan="2">不限</td></tr>
<tr><td>最大单个宽度/mm</td><td colspan="2">2</td></tr>
<tr><td>树脂囊和树脂（胶）道</td><td>最大单个长度/mm</td><td colspan="2">不允许</td><td colspan="2">5，且最大单个宽度小于 1</td><td>不限</td></tr>
<tr><td>腐朽</td><td>—</td><td colspan="4">不允许</td><td>[a]</td></tr>
<tr><td>真菌变色</td><td>不超过板面积的百分比/%</td><td>不允许</td><td>5，板面色泽要协调</td><td colspan="2">20，板面色泽要大致协调</td><td>不限</td></tr>
<tr><td>裂　缝</td><td>—</td><td colspan="4">不允许</td><td>不限</td></tr>
<tr><td rowspan="2">拼接离缝</td><td>最大单个宽度/mm</td><td>0.1</td><td>0.2</td><td colspan="2">0.5</td><td rowspan="2">—</td></tr>
<tr><td>最大单个长度不超过相应边长的百分比/%</td><td>5</td><td>10</td><td colspan="2">20</td></tr>
<tr><td>面板叠层</td><td>—</td><td colspan="4">不允许</td><td>—</td></tr>
<tr><td>鼓泡、分层</td><td>—</td><td colspan="5">不允许</td></tr>
<tr><td>凹陷、压痕、鼓包</td><td>—</td><td>不允许</td><td>不明显</td><td colspan="2">不明显</td><td>不限</td></tr>
<tr><td>补条、补片</td><td>—</td><td colspan="4">不允许</td><td>不限</td></tr>
<tr><td>毛刺沟痕</td><td>—</td><td colspan="4">不允许</td><td>不限</td></tr>
<tr><td>透胶、板面污染</td><td>不超过板面积的百分比/%</td><td colspan="2">不允许</td><td colspan="2">1</td><td>不限</td></tr>
<tr><td>砂透</td><td>不超过板面积的百分比/%</td><td colspan="4">不允许</td><td>10</td></tr>
<tr><td>波纹</td><td>—</td><td colspan="2">不允许</td><td colspan="2">不明显</td><td>—</td></tr>
</table>

续表

名　称	项　目	正　面			背面
		优等品	一等品	合格品	
刀痕、划痕	—	不允许			不限
边、角缺损	—	不允许			[b]
榫舌缺损	不超过板长的百分比/%	不允许	15		
漆膜鼓泡	最大单个直径不大于0.5mm	不允许	每块板不超过3个		—
针孔	最大单个直径不大于0.5mm	不允许	每块板不超过3个		—
皱皮	不超过板面积的百分比/%	不允许		5	—
粒子	—	不允许		不明显	—
漏漆	—	不允许			—

注1：在自然光或光照度300lx～600lx范围内的近似自然光(例如40W日光灯)下，视距为700mm～1000mm内，目测不能清晰地观察到的缺陷即为不明显。

注2：未涂饰或油饰面实木复合地板不检查地板表面油漆指标。

[a]允许有初腐。

[b]长边缺损不超过板长的30%，且宽不超过5mm，厚度不超过板厚的1/3；短边缺损不超过板宽的20%，且宽不超过5mm，厚度不超过板厚的1/3。

5.4　规格尺寸及其偏差

5.4.1　规格尺寸

实木复合地板的规格尺寸如下：

a. 长度：300mm～2200mm；

b. 宽度：60mm～220mm；

c. 厚度：8mm～22mm。

经供需双方协议可生产其他幅面尺寸的产品。

5.4.2　尺寸偏差

尺寸偏差应符合表2。

表2　尺寸偏差要求

项　目	要　求
厚度偏差	公称厚度 t_n 与平均厚度 t_a 之差绝对值不大于0.5mm 厚度最大值 t_{max} 与最小值 t_{min} 之差不大于0.5mm
面层净长偏差	公称长度 $l_n \leqslant 1500$mm时，l_n 与每个测量值 l_m 之差绝对值不大于1mm 公称长度 $l_n > 1500$mm时，l_n 与每个测量值 l_m 之差绝对值不大于2mm
面层净宽偏差	公称宽度 w_n 与平均宽度 w_a 之差绝对值不大于0.2mm 宽度最大值 w_{max} 与最小值 w_{min} 之差不大于0.3mm

续表

项　目	要　求
直角度	q_{max}≤0.2mm
边缘直度	≤0.3mm/m
翘曲度	宽度方向翘曲度 f_w≤0.20%，长度方向翘曲度 f_1≤1.00%
拼装离缝	拼装离缝平均值 o_a≤0.15mm，拼装离缝最大值 o_{max}≤0.20mm
拼装高度差	拼装高度差平均值 h_a≤0.10mm，拼装高度差最大值 h_{max}≤0.15mm

附录4 GB/T 20240—2006《竹地板》(摘录)

5.2 规格尺寸及允许偏差

竹地板规格尺寸及允许偏差见表1，经供需双方协议可生产其他规格产品。

表1 规格尺寸及其允许偏差、拼装偏差

项 目	单位	规格尺寸	允 许 偏 差
面层净长 l	mm	900，915，920，950	公称长度 l_n 与每个测量值 l_m 之差的绝对值≤0.50mm
面层净宽 w	mm	90，92，95，100	公称宽度 w_n 与平均宽度 w_m 之差的绝对值≤0.15mm 宽度最大值 w_{max} 与最小值 w_{min} 之差≤0.20mm
厚度 t	mm	9，12，15，18	公称宽度 t_n 与平均宽度 t_m 之差的绝对值≤0.30mm 厚度最大值 t_{max} 与最小值 t_{min} 之差≤0.20mm
垂直度 q	mm		q_{max}≤0.15
边缘不直度 s	mm/m		s_{max}≤0.20
翘曲度 f	%		宽度方向翘曲度 f_w≤0.20 长度方向翘曲度 f_1≤0.50
拼装高差 h	mm		拼装高差平均值 h_a≤0.15 拼装高差最大值 h_{max}≤0.20
拼装高差 o	mm		拼装离缝平均值 o_a≤0.15 拼装离缝最大值 o_{max}≤0.20

5.3 外观质量要求

竹地板外观质量要求见表2。

表2 外观质量要求

项 目		优等品	一等品	合格品
未刨部分和刨痕	表、侧面	不允许		轻微
	背面	不允许	允许	
榫舌残缺	残缺长度	不允许	≤全长的10%	≤全长的20%
	残缺宽度	不允许	≤榫舌宽度的40%	
腐 朽		不允许		
色差	表面	不明显	轻微	允许
	背面	允许		
裂纹	表、侧面	不允许		允许1条 宽度≤0.2mm 长度≤200mm
	背面	腻子修补后允许		

续表

项 目		优等品	一等品	合格品
虫孔		不允许		
波纹		不允许		不明显
缺棱		不允许		
拼接离缝	表、侧面	不允许		
	背面	允许		
污染		不允许		≤板面积的 5%(累计)
霉变		不允许		不明显
鼓泡(ϕ≤0.5mm)		不允许	每块板不超过 3 个	每块板不超过 5 个
针孔(ϕ≤0.5mm)		不允许	每块板不超过 3 个	每块板不超过 5 个
皱皮		不允许		≤板面积的 5%
漏漆		不允许		
粒子		不允许		轻微
胀边		不允许		轻微

注 1：不明显——正常视力在自然光下，距地板 0.4m，肉眼观察不易辨别。

注 2：轻微——正常视力在自然光下，距地板 0.4m，肉眼观察不显著。

注 3：鼓泡、针孔、皱皮、漏漆、粒子、胀边为涂饰竹地板检测项目。

5.4 理化性能指标

理化性能指标应符合表 3 的规定。

表 3 竹地板理化性能指标

项 目		单 位	指 标 值
含水率		%	6.0～15.0
静曲强度	厚度≤15mm	MPa	≥80
	厚度>15mm		≥75
浸渍剥离试验		mm	任一胶层的累计剥离长度≤25
表面漆膜耐磨性	磨耗转数	r	磨 100r 后表面留有漆膜
	磨耗值	g/100r	≤0.15
表面漆膜耐污染性		—	无污染痕迹
表面漆膜附着力		—	不低于 3 级
甲醛释放量		mg/L	≤1.5
表面抗冲击性能		mm	压痕直径≤10，无裂纹

附录5 WB/T 1049—2012《阻燃木质地板》（摘录）

4 分类

阻燃木质地板的阻燃等级见表1。

表1 阻燃木质地板的阻燃等级

分 类	阻燃等级
阻燃实木地板	$C_{fl\ tl\ al}$
阻燃实木复合地板	$B_{fl\ tl\ al}$，$C_{fl\ tl\ al}$
阻燃浸渍纸层压木质地板	$B_{fl\ tl\ al}$，$C_{fl\ tl\ al}$
阻燃竹地板	$C_{fl\ tl\ al}$
阻燃实木集成木地板	$C_{fl\ tl\ al}$

5 要求

5.1 阻燃性能

5.1.1 阻燃地板所用阻燃剂燃烧时应达到低烟、无毒、无腐蚀。

5.1.2 阻燃地板的燃烧性能不应低于GB 8624—2006中表2规定的$C_{fl\ tl\ al}$级别。

5.1.3 阻燃处理后的地板表面应无明显返潮及颜色异常变化；阻燃地板上的表面阻燃剂析出物应符合表2的规定。

表2 阻燃地板的上表面对阻燃剂析出要求

阻燃地板等级	要 求
优等品、一等品	不允许
合格品	轻微

5.2 其他性能要求

5.2.1 应符合GB/T 15036.1—2009、GB/T 18102—2006、GB/T 18103—2000、GB/T 20240—2006、LY/T 1614的要求。

5.2.2 应按相应地板产品标准的规定划分阻燃地板。划分等级为优等品、一等品、合格品三个等级。

附录 6 WB/T 1050—2012《木地板铺设辅料》(摘录)

4 技术要求

4.1 找平材料

4.1.1 可操作时间应≥50min。

4.1.2 初凝时间应≥60min。

4.1.3 终凝时间应≤120min。

4.1.4 绝干抗压强度应≥6.0MPa。

4.2 自流平垫层

4.2.1 流动性应良好，初始流动速度、120min 流动速度应≥130mm/min。

4.2.2 拉伸粘结强度应≥1.0MPa。

4.2.3 干缩率应≤0.5%。

4.2.4 24h 抗压强度应≥6.0MPa。

4.3 地垫

4.3.1 厚度应按供需约定，常用厚度为 2mm～3mm。尺寸偏差应符合 GB/T 10801.2 的规定。

4.3.2 压缩强度≥200kPa。

4.3.3 吸水率≤2%。

4.3.4 阻燃性能 B2 应符合 GB/T 8626 的规定。

4.4 防潮膜

4.4.1 不透水性 0.2MPa 30min 不透水。

4.4.2 断裂拉伸强度应≥5.0MPa。

4.4.3 断裂伸长率≥200%。

4.4.4 直角撕裂强度≥10kN/m。

4.4.5 卷材厚度宜采用 0.15mm～0.3mm。

4.5 木龙骨

材质应符合 WB/T 1030—2006 中 4.1.3.2 的规定。

4.6 塑钢龙骨

4.6.1 应达到并能保持地板块之间缝隙紧密。

4.6.2 塑钢型材质量应符合 GB 5237.1 的规定，铝合金质量应符合 GB/T 8814 的规定。

4.6.3 非木龙骨具体技术要求应满足客户要求。

4.7 龙骨垫

4.7.1 长度：沿斜面滑移方向≥1.2 倍龙骨宽度。

4.7.2 宽度：20mm～50mm。

4.7.3 楔形厚度：大头 5mm，小头 0.4mm。

4.7.4 材料可为龙骨料、塑料，其硬度应稍大于龙骨硬度。

4.8 毛地板

4.8.1 毛地板材料应符合 WB/T 1030—2006 中 4.1.3.5 的规定。

4.8.2 含水率应符合 WB/T 1030—2006 中表 1 的规定。

4.9 扣条

4.9.1 材料可为实木、饰面浸渍纸层压高密度纤维板、聚氯乙烯塑料、铜、铝合金等型材。

——实木扣条质量宜符合 GB/T 15036.1 的相关规定。

——浸渍纸层压高密度纤维板扣条质量宜符合 GB/T 18102 的相关规定。

——聚氯乙烯塑料型材质量应符合 GB/T 8814 的相关规定。

——铝合金等建筑型材质量应符合 GB 5237.1 的相关规定。

4.9.2 扣条在压盖木地板一边，应遮盖地板边缘宽度 7mm，并留有面层膨胀空隙 10mm。

4.9.3 扣条上表面应高出地面≤6mm。

4.9.4 扣条应与地坪相接，断面夹角≤30°。

4.9.5 扣条断面轮廓应圆滑过度，无尖锐折角。

4.9.6 扣条表面硬度应≥2H。

4.9.7 耐磨性：应高于相应面层地板耐磨度。

4.9.8 表面耐划痕：4.0N 表面装饰层未划破。

4.9.9 扣条与底条应相配合不松旷。

4.10 伸缩缝弹簧

有效弹力位置极限应≥12mm；弹力应能保持施压地板缝隙紧密。

伸缩缝弹簧应防锈，弹簧不应露出地板踢脚线表面。

4.11 踢脚线

4.11.1 材料可为实木、浸渍纸层压高密度纤维板，聚氯乙烯等塑料、铜、铝合金等型材。

4.11.2 背面应防潮。

4.11.3 踢脚线背面沿长度方向应设置宽 7mm～15mm、深 2mm～4mm 的通气槽。

4.11.4 厚度＝伸缩缝宽度＋2mm，伸缩缝宽度应符合 WB/T 1030—2006 中 4.3.6.1a）的规定，取最大值。

4.11.5 长度≤2400mm。

4.11.6 上缘不直度应≤3mm/5m。

4.11.7 应有装饰外观。

4.12 木地板铺装胶粘剂

4.12.1 木地板铺装胶粘剂固化后应具有弹性。

4.12.2 产品质量应符合 HG/T 4223 的规定。

附录7　HG/T 4223—2011《木地板铺装胶粘剂》(摘录)

4　要求

木地板铺装胶粘剂应符合表1的要求。

表1　木地板铺装胶粘剂的要求

序　号	项　　目	单　位	指　　标
1	外观	—	均匀黏稠体，无凝胶、结块
2	涂布性	—	容易涂布，梳齿不凌乱
3	剪切拉伸率	%	≥200
4	剪切强度	MPa	≥0.5
5	拉伸强度	MPa	≥0.1
6	操作时间	h	≥0.5
7	热老化剪切强度（60℃）	MPa	≥0.5

附录8　WB/T 1051—2012《木地板铺装工技术等级要求》(摘录)

5　初级木地板铺装工

5.1　知识要求

5.1.1　基础知识：

a）木材分类。常用木地板树种，按GB/T 15036.1—2009所列，识别五种以上常见木地板树种。

b）木材构造。应按照GB/T 15036.1—2009的表1、GB/T 18103—2000的表1了解木材所列缺欠；了解木材平衡含水率含义；掌握地板基础、面层地板应有的含水率；了解木地板基材（人造板）的基础知识。

5.1.2　尺寸度量：

a）应掌握长度单位、单位换算；

b）应能进行面积计算；

c）应能正确使用量具，如直尺、角尺、卷尺、塞尺、靠尺等。

5.1.3　产品分类：

应了解GB/T 15036.1—2009、GB/T 18102、GB/T 18103—2000、GB/T 20239、GB/T 20240、LY/T 1614、LY/T 1657中对木地板产品分类。

5.1.4　产品质量：

应了解所在企业木地板产品质量。

5.1.5　木地板铺设：

a）应了解GB/T 20238、WB/T 1030、WB/T 1037中木地板铺设方法，龙骨法、悬浮法、粘贴法及施工操作的要点。

b）掌握所在企业地板铺设环境要求、铺装质量要求。

5.1.6　木地板铺设辅料：

a）应了解GB/T 1050中木地板辅料种类及主要性能要求；

b）掌握所在企业地板产品铺设所使用辅料质量性能及使用操作要领。

5.1.7　应掌握的其他知识：

a）应能按照GB/T 50104、QB/T 1338看懂木地板简图。

b）应能按照WB/T 1017—2006中4.3的要求，了解地板维护须知。

5.2　技术操作

5.2.1　应能按照WB/T 1030—2006中4.3.1.2的要求，进行施工现场环境认知检查、基础平面平整度、含水率的测定，基础地面和填补腻子找平地面。

5.2.2　应能按照WB/T 1050的要求进行木塞、木楔、龙骨垫制备。

5.2.3　应掌握地垫、防潮膜的铺设技术。

5.2.4　应能按照WB/T 1030—2006中4.3.3的要求进行基础地面打龙骨钉孔、埋木楔或膨胀螺栓。

5.2.5　熟练使用和维护地板铺设工具、机具、刃具，做到锯路顺直、锯口方正、不崩茬、不毛边。

5.2.6　熟练掌握所在企业地板铺装规范操作。

6　中级木地板铺装工

6.1　知识要求

6.1.1　了解木材三切面与木材变形的关系。

6.1.2　应能按照 GB/T 15036.1—2009 中的附录 A 识别常见木地板树种及其材性。

6.1.3　应能按照 GB/T 15036.2 的要求对使用的地板块质量判定。

6.1.4　应能按照 GB/T 18580、CB 18583 的要求，掌握室内有害气体及甲醛释放限量和改善方法。

6.1.5　应能按照 GB/T 1030—2006 中 4.2 的要求，对铺设环境条件认知。

6.1.6　应能确定木地板铺设工艺。

6.1.7　应能按照 WB/T 1050 进行辅料选择。

6.1.8　应能按照 WB/T 1030—2006 中表 1 的要求掌握各结构层含水率控制措施。

6.1.9　熟练掌握木地板铺装过程质量检测要点。

6.1.10　应能按照 WB/T 1017—2006 中第 5 章的要求进行地板铺装质量事故原因查找。

6.1.11　熟悉各种功能性木地板铺设。

6.1.12　应能领导班组安全施工。

6.2　技术操作

6.2.1　应能按照 GB/T 50104、QB/T 1338 要求掌握木地板铺设工程识图。

6.2.2　应能按照 GB/T 1030—2006 中 4.1 的要求掌握进场材料质量验收。

6.2.3　应能进行原辅料消耗计算。

6.2.4　应能掌握施工线。

6.2.5　应能掌握以下施工作业：

a）带领班组施工作业；

b）拼装图案造型地板铺设操作；

c）进行功能性木地板铺设操作。

6.2.6　应能制作简单工具。

6.2.7　应能进行铺装工具、量具养护。

6.2.8　应能控制施工质量。

6.2.9　应具有班组管理、安全生产能力。

6.2.10　应能进行地板质量事故原因查找、地板修理。

7　高级木地板铺装工

7.1　知识要求

7.1.1　应能按照 GB/T 18513 掌握木地板树种名称、辨认常用木地板树种。

7.1.2　应熟悉木地板与木地板相关的标准。

7.1.3　应熟悉铺设环境条件改善措施。

7.1.4　应能按照 GB/T 50104、QB/T 1338 的要求，掌握阅读相关图纸能力，便于与其他工种衔接；应能绘制地板铺设简图。

7.1.5 应能按照 WB/T 1030—2006 中 4.2.1 的要求进行地板铺设施工方案确定。

7.2 操作要求

7.2.1 应能控制铺设质量。

7.2.2 应能处理施工疑难，解决施工质量问题。

7.2.3 应能进行木地板新工艺、新材料应用推广。

7.2.4 应能对初、中级地板铺装工传授技艺。

7.2.5 应能进行施工作业班组间协调与其他工种之间衔接。

7.2.6 应能按照 WB/T 1030—2006 中第 6 章的要求进行铺设工程质量验收。

7.2.7 应能按照 WB/T 1017—2006 中第 6 章的要求进行质量事故判定。

7.2.8 应能预防和处理工程质量和安全事故。

附录9　LY/T 1700—2007《地采暖用木质地板》(摘录)

5　要求

5.1　基本质量要求

5.1.1　地采暖用浸渍纸层压木质地板的外观质量、规格尺寸及偏差、理化性能应符合CB/T 18102的要求。

5.1.2　地采暖用实木复合地板的外观质量、规格尺寸和尺寸偏差、理化性能符合CB/T 18103的要求。

5.1.3　其他地采暖用木质地板应符合相应产品标准要求。

5.1.4　地采暖用木质地板甲醛释放量应符合表1规定。

表1　甲醛释放量要求

检测项目	单　位	要　求
甲醛释放	mg/L	E_0 级：≤0.5
		E_1 级：≤1.5

5.2　地采暖性能要求

5.2.1　地采暖用浸渍纸层压木质地板和地采暖用实木复合地板性能要求见表2。

表2　地采暖性能要求

检验项目		单　位	要　求
耐热尺寸稳定性（收缩率）	长	%	浸渍纸层压木质地板≤0.40； 实木复合地板≤0.30
	宽		浸渍纸层压木质地板≤0.40； 实木复合地板≤0.40
耐湿尺寸稳定性（膨胀率）	长	%	浸渍层压木质地板≤0.15； 实木复合地板≤0.10
	宽		浸渍纸层压木质地板≤0.15； 实木复合地板≤0.30
表面耐湿热性能		—	无裂纹、无鼓泡、无变色
表面耐龟裂		—	无裂纹
表面耐冷热循环		—	无裂纹、无鼓泡
导热效能[a]		℃/h	≥8

a 导热效能为可选检测项目，根据需要检测。

5.2.2　其他地采暖用木质地板性能要求参照地采暖用实木复合地板性能要求。

附录10　WB/T 1037—2008《地面辐射供暖木质地板铺设技术和验收规范》（摘录）

7　验收

7.1　验收时间

铺设质量验收，应在竣工后三天内验收，或按双方合同约定的时间验收，若未及时验收，应按表1验收。

表1　地面辐射供暖木质地板保修期面层尺寸允许偏差

<table>
<tr><th colspan="2" rowspan="2">项目</th><th colspan="4">允许偏差/mm</th><th rowspan="2">检测工具
（取最大值）</th></tr>
<tr><th>实木地板与
实木集成地板</th><th>浸渍纸层压
木质地板</th><th>实木复
合地板</th><th>竹地板</th></tr>
<tr><td colspan="2" rowspan="3">平整度</td><td>悬浮法　≤5</td><td rowspan="3">≤3</td><td rowspan="3">≤3</td><td>悬浮法　≤4</td><td rowspan="3">2m靠尺、钢板尺
及塞尺</td></tr>
<tr><td>龙骨法　≤4</td><td>龙骨法　≤3</td></tr>
<tr><td>粘贴法　≤5</td><td>粘贴法　≤4</td></tr>
<tr><td colspan="2">拼接高度差</td><td>≤0.6</td><td>≤0.25</td><td>≤0.4</td><td>≤0.5</td><td>塞尺或坐标百分表</td></tr>
<tr><td rowspan="2">拼装
离缝</td><td>当地平衡含水率
≥13.7%</td><td>≤2.0</td><td>≤0.20</td><td>≤0.6</td><td>≤1.2</td><td rowspan="2">塞尺或卡尺</td></tr>
<tr><td>当地平衡含水率
≤13.6%</td><td>≤2.5</td><td>≤0.25</td><td>≤0.8</td><td>≤1.5</td></tr>
</table>

注：检测值超标准部位，应在原有地板上进行维修并达到允许偏差值以内。

7.2　地板铺设验收

7.2.1　地板表面应洁净、无沟痕、边角无缺损、漆面饱满、无漏漆、铺设牢固。

7.2.2　地板铺设尺寸允许安装偏差见表2。

表2　地面辐射供暖木质地板铺设尺寸允许偏差与测量工具

<table>
<tr><th rowspan="2">序号</th><th rowspan="2">项目</th><th colspan="4">允许偏差/mm</th><th rowspan="2">测量工具</th></tr>
<tr><th>实木地板与
实木集成地板</th><th>浸渍纸层压
木质地板</th><th>多层实
木地板</th><th>竹地板</th></tr>
<tr><td rowspan="3">1</td><td rowspan="3">平整度</td><td>悬浮法　≤4</td><td rowspan="3">≤3</td><td rowspan="3">≤3</td><td>悬浮法　≤4</td><td rowspan="3">用2m靠尺
楔形塞尺</td></tr>
<tr><td>龙骨法　≤3</td><td>龙骨法　≤3</td></tr>
<tr><td>粘贴法　≤4</td><td>粘贴法　≤4</td></tr>
<tr><td>2</td><td>拼接高度差</td><td>≤0.5</td><td>≤0.15</td><td>≤0.3</td><td>≤0.4</td><td>楔形塞尺或
坐标百分表</td></tr>
<tr><td>3</td><td>拼装离缝</td><td>≤0.5</td><td>≤0.15</td><td>≤0.4</td><td>≤0.5</td><td>楔形塞尺</td></tr>
<tr><td>4</td><td>四周伸缩缝</td><td colspan="4">>12</td><td>钢尺</td></tr>
<tr><td>5</td><td>拼接缝隙平直度</td><td colspan="4">≤3</td><td>拉5m通线，
不足5m也拉通线</td></tr>
<tr><td>6</td><td>踢脚线下沿
与地板缝隙</td><td colspan="4">2～5</td><td>楔形塞尺</td></tr>
</table>

附录 11　WB/T 1030—2006《木地板铺设技术与质量检测》(摘录)

表 1　木地板各构造层施工前含水率允许值

构造层	允许含水率/%	检测方法
毛地板	≤地区平衡含水率+1%	感应式木材含水率测定仪
木龙骨	≤地区平衡含水率+2%	
基础地面	≤地区平衡含水率+5%	

注 1：地区平衡含水率参见 GB/T 6491—1999 的附录 A。

注 2：构造层含水率超标，应进行防潮处理，若超标则不应施工。

表 2　基础层面施工前平整度要求与预留伸缩缝要求　mm

铺设方法	平整度			伸缩缝			检测方法
	基础面	木龙骨	毛地板	木龙骨		毛地板	
				纵向	横向		
悬浮法	2	—	2	—	—	20～25	用 2m 靠尺和楔形塞尺或钢板尺检查
龙骨法	3	2	2	20～25	30～35	15～20	

表 3　铺装木地板允许最大跨度值　m

木地板种类＼木地板最大跨度	长度方向	宽度方向
实木地板	20	8
实木复合地板	14	14
浸渍纸层压木质地板	8	8
竹地板	20	8

表 4　木地板铺设尺寸允许偏差与测量工具

序号	项目	允许偏差/mm						测量工具
		实木地板		浸渍纸层压木质地板	实木复合地板	竹地板		
		龙骨法	悬浮法			龙骨法	悬浮法	
1	平整度	≤3	≤4	≤3	≤3	≤3	≤4	用 2m 靠尺及楔形塞尺
2	拼接高度差	≤0.5		≤0.15	≤0.3	≤0.4		楔形塞尺或坐标百分表
3	拼装高差	≤0.5		≤0.15	≤0.4	≤0.5		楔形塞尺
4	四周伸缩缝	10^{+1}_{-2}						钢尺
5	拼接缝隙平直度	≤3						拉 5m 通线，不足 5m 也拉通线
6	踢脚线下沿与地板缝隙	2^{+1}_{-1}						楔形塞尺

附录12　WB/T 1017—2006《木地板保修期内面层检验规范》(摘录)

木地板保修期内尺寸面层允许偏差见表1。

表1　面层尺寸允许偏差　mm

<table>
<tr><th colspan="2" rowspan="3">项　目</th><th colspan="6">允许偏差/mm</th><th rowspan="3">检测工具
(取最大值)</th></tr>
<tr><th colspan="2">实木地板</th><th rowspan="2">浸渍纸层压木质地板</th><th rowspan="2">实木复合地板</th><th colspan="2">竹地板</th></tr>
<tr><th>龙骨法</th><th>悬浮法</th><th>龙骨法</th><th>悬浮法</th></tr>
<tr><td colspan="2">平整度</td><td>≤4</td><td>≤5</td><td>≤3</td><td>≤3</td><td>≤3</td><td>≤4</td><td>2m靠尺、钢板尺及塞尺</td></tr>
<tr><td colspan="2">拼接高度差</td><td colspan="2">≤0.6</td><td>≤0.25</td><td>≤0.4</td><td colspan="2">≤0.5</td><td>塞尺或坐标百分表</td></tr>
<tr><td rowspan="2">拼装离缝</td><td>当地平衡含水率≥13.7%</td><td colspan="2">≤2.0</td><td>≤0.20</td><td>≤0.6</td><td colspan="2">≤1.2</td><td rowspan="2">塞尺或卡尺</td></tr>
<tr><td>当地平衡含水率≤13.6%</td><td colspan="2">≤2.5</td><td>≤0.25</td><td>≤0.8</td><td colspan="2">≤1.5</td></tr>
</table>

注：检测值超标准部位，应在原有地板上进行维修并达到允许偏差值以内。

附录 13 我国各省（区）、直辖市木材平衡含水率值

（根据 1950～1970 年气象资料查定）

省市名称	平衡含水率（%）			省市名称	平衡含水率（%）		
	最大	最小	平均		最大	最小	平均
黑龙江	14.9	12.5	13.6	湖北	16.8	12.9	15.0
吉林	14.5	11.3	13.1	湖南	17.0	15.0	16.0
辽宁	14.5	10.1	12.2	广东	17.8	14.6	15.9
新疆	13.0	7.5	10.0	海南（海口）	19.8	16.0	17.6
青海	13.5	7.2	10.2	广西	16.8	14.0	15.5
甘肃	13.9	8.2	11.1	四川	17.3	9.2	14.3
宁夏	12.2	9.7	10.6	贵州	18.4	14.4	16.3
陕西	15.9	10.5	12.8	云南	18.3	9.4	14.3
内蒙古	14.7	7.7	11.1	西藏	13.4	8.6	10.6
山西	13.5	9.9	11.4	北京	11.4	10.8	11.1
河北	13.0	10.1	11.5	天津	13.0	12.1	12.6
山东	14.8	10.1	12.9	上海	17.3	13.6	15.6
江苏	17.0	13.5	15.3	重庆	18.2	13.6	15.8
安徽	16.5	13.3	14.9	台湾（台北）	18.0	14.7	16.4
浙江	17.0	14.4	16.0	香港	暂缺	暂缺	暂缺
江西	17.0	14.2	15.6	澳门	暂缺	暂缺	暂缺
福建	17.4	13.7	15.7	全国			13.4
河南	15.2	11.3	13.2				

附录14　我国160个主要城市木材平衡含水率气象值

省名	地名	月份												年平均
		1	2	3	4	5	6	7	8	9	10	11	12	
黑龙江	呼玛			13.0	10.7	10.0	12.7	14.9	16.0	14.5	12.7	14.3		13.6
	嫩江			13.4	10.5	10.4	12.5	15.5	16.0	14.7	13.0	14.5		14.0
	伊春		15.1	13.0	10.9	11.0	13.5	15.6	16.8	15.4	13.2	14.8		14.2
	齐齐哈尔	14.9	13.5	11.0	9.6	10.0	11.5	13.9	14.4	13.9	12.2	12.8	14.2	12.7
	鹤岗	13.2	12.2	10.7	9.7	10.3	12.2	15.5	15.9	13.7	11.2	12.3	13.4	12.5
	安达	15.6	14.0	11.5	9.6	9.5	11.2	14.0	14.3	13.1	12.7	13.2	14.8	12.8
	哈尔滨	15.6	14.5	12.0	10.5	9.7	11.9	14.7	15.5	13.9	12.6	13.3	14.9	13.3
	鸡西	14.2	13.2	12.0	10.5	10.6	13.4	14.8	16.2	14.6	12.4	12.4	14.2	13.3
	牡丹江	15.3	13.7	12.2	10.6	10.7	13.3	14.8	15.8	14.6	13.3	13.6	14.9	13.6
吉林	吉林	15.7	14.8	12.8	11.2	10.6	12.9	15.6	17.0	14.9	13.7	14.0	14.9	14.0
	长春	14.5	13.0	11.2	10.1	9.8	12.2	15.0	15.8	13.8	12.3	13.1	14.1	12.9
	敦化	14.3	13.5	12.4	11.0	11.4	14.5	13.8	14.1	15.3	13.3	13.6	14.2	13.5
	四平	14.4	12.9	11.2	10.3	9.8	12.4	15.0	16.0	14.3	12.9	13.2	13.0	13.0
	延吉	13.0	11.9	11.0	10.5	11.1	13.9	15.8	16.2	14.9	13.0	12.8	13.2	13.1
	通化	15.8	14.2	13.0	11.0	10.8	13.6	15.8	16.6	15.6	13.9	14.6	15.0	14.2
辽林	阜新	11.6	10.5	9.7	9.5	9.2	11.9	14.4	14.8	12.7	12.1	11.8	11.5	11.6
	抚顺	15.1	13.7	12.4	11.5	12.2	13.0	15.0	16.0	14.5	13.4	13.6	14.9	13.8
	沈阳	13.5	12.2	10.8	10.4	10.1	12.6	15.0	15.1	13.7	13.1	12.7	12.9	12.7
	本溪	13.4	12.4	11.0	9.7	9.5	11.6	14.1	14.7	13.5	12.5	12.7	13.7	12.4
	锦州	11.2	10.4	9.7	9.7	9.7	12.6	15.3	15.0	12.4	11.6	10.9	10.6	11.6
	鞍山	13.0	11.9	11.2	10.2	9.6	11.9	14.6	15.6	13.4	12.6	12.7	12.7	12.5
	营口	12.9	12.3	11.7	11.3	11.1	13.0	15.0	15.3	13.4	13.4	13.0	13.0	13.0
	丹东	12.4	12.0	12.5	12.9	14.1	6.8	19.4	18.3	15.3	14.0	13.0	12.7	14.5
	大连	12.0	11.9	11.9	11.5	12.0	15.2	19.4	17.3	13.3	12.3	11.9	11.8	13.4
新疆	克拉玛依	16.8	15.3	11.0	7.4	6.3	5.9	5.6	5.4	6.8	8.8	12.6	16.1	9.8
	伊宁	16.8	16.9	14.8	11.0	10.7	10.9	10.8	10.2	10.5	11.9	14.9	16.9	13.0
	乌鲁木齐	16.8	16.0	14.4	9.6	8.5	7.7	7.6	8.0	8.5	11.1	15.2	16.6	11.6
	吐鲁番	11.3	9.3	7.1	5.8	5.5	5.6	5.7	6.4	7.4	9.2	10.3	12.5	8.0
	哈密	13.7	10.5	7.8	6.1	5.7	6.1	6.2	6.4	6.9	8.1	10.3	12.7	8.4
青海	祁连	10.0	9.8	9.5	9.8	10.9	11.0	12.9	13.0	12.6	11.3	10.9	10.4	11.1
	大柴旦	9.5	9.1	7.1	6.6	7.3	7.6	8.0	7.9	7.6	7.6	8.4	9.3	8.0
	西宁	10.7	10.0	9.4	10.2	10.7	10.8	12.3	12.8	13.0	12.8	11.8	11.4	11.3
	共和	9.3	10.1	8.1	8.7	9.9	10.6	12.0	12.3	12.3	11.8	10.4	10.0	10.5
	格尔木	9.6	8.0	6.9	6.4	6.6	6.7	7.2	7.3	7.3	7.6	8.8	9.4	7.7
	同仁	9.0	9.2	9.1	9.7	11.0	11.9	13.3	12.8	13.5	12.4	11.4	9.4	11.0
	玛多	11.6	11.2	10.5	10.2	11.1	11.9	12.9	13.0	12.8	12.8	11.3	11.8	11.8
	玉树	9.6	9.1	8.9	9.6	10.8	10.5	13.4	13.7	13.9	12.4	10.1	9.3	10.9

续表

省名	地名	月份												年平均
		1	2	3	4	5	6	7	8	9	10	11	12	
甘肃	安西	11.6	9.9	7.5	6.6	6.2	6.4	6.9	7.1	6.9	7.6	9.6	11.6	8.2
	玉门镇	11.7	10.0	8.1	6.8	6.4	7.0	8.2	7.9	7.5	8.1	9.4	11.3	8.5
	敦煌	11.0	9.6	7.6	6.9	6.8	7.0	7.7	8.8	7.8	8.4	10.1	11.4	8.6
	酒泉	11.7	10.7	10.3	7.6	7.2	7.7	9.1	9.7	8.7	9.0	10.0	11.7	9.4
	张掖	12.1	10.7	9.3	8.3	8.6	9.1	10.1	10.2	10.4	10.9	11.8	12.6	10.3
	兰州	12.1	10.8	9.8	9.5	9.5	9.5	10.8	11.9	12.8	13.3	12.8	13.3	11.3
	天水	12.3	12.5	11.7	11.5	11.6	11.5	13.5	14.0	15.7	15.7	14.8	13.8	13.2
宁夏	石嘴山	10.6	9.7	8.8	8.5	8.6	8.7	10.3	11.2	10.8	11.1	11.3	11.4	10.1
	银川	12.4	11.0	10.3	9.4	9.2	10.7	11.6	13.0	12.6	12.5	13.0	13.4	11.5
	盐池	9.7	10.0	8.8	8.6	8.2	10.3	10.6	12.2	11.6	11.6	10.7	11.1	10.1
	中宁	10.4	9.7	9.0	8.6	9.0	10.0	10.6	12.0	12.2	11.8	11.9	11.3	10.5
	同心	10.5	9.6	8.8	8.7	8.7	13.4	10.2	11.5	12.0	12.3	11.8	11.2	10.3
	固原	10.8	11.1	10.8	10.8	10.7	12.1	13.6	14.2	14.7	14.5	13.1	11.6	12.2
陕西	榆林	11.9	12.0	9.9	9.3	8.7	8.9	11.1	12.5	12.0	12.3	12.2	12.7	11.1
	延安	11.2	11.0	10.7	10.3	10.5	10.7	13.7	14.9	14.8	13.8	13.0	12.2	12.2
	宝鸡	12.6	12.8	12.6	12.9	12.2	10.3	12.7	13.3	15.7	15.6	14.7	14.0	13.3
	西安	13.2	13.5	12.9	13.4	13.2	10.0	12.9	13.7	15.9	15.8	15.9	14.5	13.7
	汉中	15.4	15.1	14.6	14.8	14.4	13.4	15.1	15.9	17.6	18.4	18.6	17.7	15.9
	安康	13.8	12.4	12.8	13.5	13.6	12.1	13.7	13.2	15.2	16.0	16.9	14.8	14.0
内蒙古	满洲里		15.4	12.7	9.6	8.9	10.0	13.4	14.2	12.9	12.2	14.1		12.7
	海拉尔			15.1	11.2	9.7	11.1	13.6	14.5	13.6	12.7	13.9		13.8
	博克图		14.6	11.7	10.1	9.1	12.4	15.6	16.0	13.6	12.0	13.8	15.5	13.3
	呼和浩特	12.0	11.3	9.2	9.0	8.3	9.2	11.6	13.0	11.9	11.9	11.7	12.1	10.9
	根河			14.3	14.0	11.0	13.0	16.5	16.5	15.6	14.0	16.4		14.7
	通辽	11.7	10.3	9.3	8.8	8.5	11.2	13.6	14.2	12.4	11.4	11.3	11.6	11.2
	赤峰	10.1	9.8	8.8	7.4	7.6	9.8	12.0	12.5	10.7	9.8	9.8	10.1	9.9
山西	大同	11.0	10.5	9.7	8.9	8.5	9.8	12.0	13.0	11.0	11.2	10.7	10.9	10.6
	阳泉	9.2	9.6	10.0	9.0	8.6	9.7	9.1	14.8	12.7	11.8	10.5	9.7	10.4
	太原	10.6	10.4	10.2	9.4	9.5	10.1	13.1	14.5	13.8	12.9	12.6	11.6	11.6
	晋城	10.9	11.2	11.6	11.2	10.7	10.8	14.7	15.4	14.2	12.8	11.9	10.9	12.2
	运城	11.4	11.0	11.2	11.6	11.0	9.5	12.7	12.6	13.6	13.4	14.2	12.5	12.1
河北	北京	9.6	10.2	10.2	9.3	9.4	10.7	14.6	15.6	13.0	12.6	11.6	10.4	11.4
	天津	10.8	11.3	11.2	10.2	10.0	11.7	14.8	14.9	13.3	12.6	12.5	11.8	12.1
	承德	10.1	9.8	9.1	8.2	8.4	10.6	13.3	13.9	12.1	11.3	10.7	10.6	10.7
	张家口	10.3	10.0	9.2	8.3	7.9	9.4	12.2	13.2	10.9	10.4	10.3	10.5	10.2
	唐山	10.6	10.9	10.6	10.1	9.7	11.5	15.2	15.6	13.1	12.8	12.0	11.2	12.0
	保定	11.3	11.5	11.3	9.8	9.8	10.2	14.0	15.6	13.1	13.2	13.4	12.4	12.1
	石家庄	10.7	11.3	10.7	9.4	9.6	9.8	14.0	15.6	13.1	12.9	12.8	12.0	11.8
	邢台	11.7	11.6	11.1	10.3	9.9	10.0	14.3	16.0	13.8	13.4	13.5	12.9	12.4

续表

省名	地名	月份												年平均
		1	2	3	4	5	6	7	8	9	10	11	12	
山东	德州	12.1	12.2	11.1	10.3	9.5	9.6	14.0	15.2	13.0	12.7	13.0	13.2	12.2
	济南	10.9	11.2	12.9	9.3	13.2	9.3	19.2	9.8	9.9	10.9	10.0	11.6	10.1
	青岛	13.5	13.6	11.4	12.9	10.7	15.5	15.2	18.2	15.2	14.4	14.5	14.6	14.8
	兖州	12.9	12.5	12.0	10.8	11.6	10.4	16.8	15.5	14.0	12.9	13.7	13.6	12.8
	临沂	12.2	12.5		11.7		12.4		15.8	14.3	12.8	13.2	13.0	13.2
江苏	徐州	13.4	13.0	12.4	12.4	11.9	11.7	16.2	16.3	14.6	13.4	13.9	14.0	13.6
	上海	14.9	16.0	15.8	15.5	13.6	17.3	16.3	16.1	16.0	15.0	15.6	15.6	15.6
	连云港	13.4	13.5	12.6	12.3	12.0	12.8	15.8	15.1	14.0	13.0	13.6	13.6	13.5
	镇江	13.7	14.4	14.6	14.9	14.6	14.6	16.2	16.1	15.7	14.2	14.7	14.2	14.8
	南通	15.5	16.4	16.6	16.6	16.4	16.9	18.0	18.0	16.9	15.4	15.9	15.6	16.5
	南京	14.4	14.8	14.7	14.5	14.6	14.6	15.8	15.5	15.6	14.5	15.2	15.0	14.9
	武进	15.1	15.7	15.8	16.1	15.9	15.6	16.1	16.5	16.9	15.4	15.9	15.9	15.9
安徽	蚌埠	14.2	14.1	14.1	13.6	13.0	12.2	15.0	15.2	14.8	13.7	14.3	14.4	14.1
	阜阳	13.5	13.4	13.9	14.3	13.8	12.0	15.5	15.5	14.8	13.6	13.6	13.9	14.0
	合肥	14.9	14.8	14.8	15.1	14.6	14.4	15.8	15.0	15.0	14.1	15.0	15.0	14.9
	芜湖	15.5	16.0	16.5	15.8	15.5	15.1	15.9	15.4	15.7	15.0	16.0	15.9	15.7
	安庆	14.6	15.3	15.8	15.7	15.5	15.1	15.0	14.4	14.6	13.9	14.8	15.0	15.0
	屯溪	15.7	16.3	16.5	16.0	16.1	16.4	14.8	14.7	15.0	15.4	16.4	16.7	15.8
浙江	杭州	16.0	17.1	17.4	17.0	16.8	16.8	15.5	16.1	17.8	16.5	17.1	17.0	16.8
	定海	13.6	15.0	15.7	17.0	18.0	19.5	18.5	16.5	15.2	13.9	14.1	14.1	15.9
	鄞县	15.6	17.0	17.2	17.0	16.7	18.3	16.5	16.1	17.7	16.8	17.0	16.6	16.9
	金华	14.8	15.6	16.5	15.4	15.5	16.0	13.3	13.4	14.4	14.5	15.1	15.9	15.0
	衢州	16.0	16.8	17.1	16.0	16.1	16.3	14.1	13.9	14.4	14.5	15.5	16.1	15.6
	温州	14.7	16.5	18.0	18.3	18.5	19.4	16.0	16.5	16.8	15.0	14.9	14.9	16.8
江西	九江	15.0	15.6	16.5	16.0	15.8	15.7	14.1	14.4	14.8	14.5	15.1	15.2	15.2
	景德镇	15.4	16.1	16.9	16.0	16.6	16.8	15.0	14.8	14.4	15.0	15.5	16.2	15.7
	南昌	15.0	16.6	17.5	16.9	16.5	16.2	13.9	13.9	14.1	13.9	15.0	15.2	15.4
	萍乡	17.6	19.3	19.0	17.8	17.0	16.2	13.8	14.8	15.6	16.0	18.0	18.3	17.0
	赣州	14.9	16.5	17.0	16.5	15.3	15.5	12.8	13.3	13.1	13.2	14.6	15.4	14.8
福建	南平	15.7	16.4	16.1	15.9	16.0	16.8	14.1	14.5	14.9	14.9	15.8	16.4	15.6
	福州	14.2	15.6	16.6	16.0	16.5	17.2	14.8	14.9	14.9	13.4	13.7	13.9	15.1
	龙岩	13.8	15.0	15.8	15.2	15.4	16.8	14.5	14.8	14.3	13.5	13.7	13.9	13.7
	厦门	13.9	15.3	16.1	16.5	17.4	17.6	15.8	15.4	14.0	12.4	12.9	13.6	15.1
台湾	台北	18.0	17.9	17.2	17.5	15.9	16.1	14.7	14.7	15.1	15.4	17.0	16.9	16.4
河南	开封	13.0	13.2	12.7	12.0	11.6	10.8	15.1	15.9	14.3	13.8	14.5	13.8	13.4
	郑州	12.0	12.6	12.2	11.6	10.8	9.7	14.0	15.1	13.4	13.0	13.4	12.3	12.5
	洛阳	11.4	12.0	11.9	11.6	10.8	9.7	13.6	14.9	13.4	13.3	13.4	12.0	11.3
	商丘	14.3	14.0	13.5	13.0	12.1	11.4	15.5	15.8	14.8	14.0	14.4	14.6	14.0
	许昌	12.4	12.7	12.9	12.8	12.1	10.5	14.8	15.5	14.0	13.5	13.6	13.0	13.2
	南阳	13.5	13.2	13.4	13.6	13.0	11.4	15.1	15.2	13.8	13.8	14.3	13.9	12.9
	信阳	15.0	15.1	15.1	14.9	14.4	13.5	15.5	15.9	15.5	15.1	15.8	15.4	15.1

续表

省名	地　名	月份 1	2	3	4	5	6	7	8	9	10	11	12	年平均
湖北	宜昌	14.8	14.5	15.4	15.3	15.0	14.6	15.6	15.1	14.1	14.7	15.6	15.5	15.0
	汉口	15.5	16.0	16.9	16.5	15.8	14.9	15.0	14.7	14.7	15.0	15.9	15.5	15.5
	恩施	18.0	17.0	16.8	16.0	16.1	15.1	15.5	15.1	15.4	17.3	19.0	19.8	16.8
	黄石	15.4	15.5	16.4	16.5	15.5	15.1	14.4	14.7	14.5	14.5	15.4	15.8	15.3
湖南	岳阳	15.4	16.1	16.9	17.0	16.1	15.5	13.8	14.8	15.0	15.3	15.9	15.8	15.6
	常德	16.7	17.0	17.5	17.4	16.1	16.0	15.0	15.5	15.4	16.0	16.8	17.0	15.0
	长沙	16.4	17.5	17.6	17.4	16.6	15.5	13.5	13.8	14.6	15.2	16.2	16.6	15.9
	邵阳	15.6	17.0	17.1	17.0	16.6	15.2	13.6	13.9	13.3	14.4	15.9	15.8	15.5
	衡阳	16.4	18.0	18.0	17.2	16.0	15.1	12.8	13.4	13.2	14.4	16.1	16.6	15.6
	郴县	17.6	19.2	18.0	16.8	16.5	14.8	12.5	14.2	15.7	16.4	18.0	18.9	16.6
广东	韶关	13.8	15.5	16.0	16.2	15.6	15.5	13.8	14.4	13.7	13.0	13.5	14.0	14.6
	汕头	15.5	17.0	17.5	17.5	17.9	18.5	17.0	17.0	16.2	15.0	15.3	15.4	16.7
	广州	13.1	15.5	17.3	17.5	17.5	18.0	17.0	16.5	13.5	13.4	12.9	12.8	15.6
	湛江	15.4	18.8	20.2	18.9	16.5	17.0	15.8	16.5	15.7	14.4	14.6	15.0	16.6
	海口	18.2	19.8	19.0	17.5	16.6	17.0	16.0	18.0	18.0	16.7	17.0	17.7	17.6
	西沙	15.0	15.6	16.0	15.8	15.6	17.0	17.0	17.0	17.5	15.8	16.0	15.0	16.1
广西	桂林	13.7	15.1	16.1	16.5	16.0	15.5	14.7	15.1	13.0	12.8	13.7	13.6	14.7
	梧州	13.5	15.5	17.0	16.6	16.4	16.5	15.4	15.8	14.8	13.2	13.6	14.1	15.2
	南宁	14.4	15.8	17.5	16.5	15.5	16.1	16.0	16.1	14.8	13.9	14.5	14.3	15.5
四川	阿坝	11.1	11.2	11.1	11.3	12.5	14.2	15.5	15.6	15.8	14.6	12.8	11.6	13.1
	绵阳	15.4	15.2	14.5	14.1	13.5	14.5	16.5	17.1	16.6	17.4	19.0	16.6	16.7
	万州	17.5	15.8	15.9	15.6	15.8	15.9	15.4	15.0	16.0	18.0	18.0	18.6	16.5
	成都	16.3	17.0	15.5	15.3	14.8	16.0	17.6	17.7	18.0	18.8	17.5	18.0	16.9
	雅安	15.6	16.1	15.2	14.5	14.0	13.8	15.1	15.5	17.0	18.5	17.5	17.5	15.9
	重庆	17.0	15.7	14.9	14.5	15.0	15.2	14.2	13.6	15.3	18.2	18.0	18.1	15.8
	乐山	16.1	17.0	15.2	14.6	14.8	15.5	17.0	17.1	17.5	18.7	18.0	17.6	16.6
	宜宾	17.0	16.9	15.1	14.6	14.8	15.6	16.6	16.0	16.9	19.1	16.5	17.0	16.5
贵州	同仁	15.4	15.5	16.0	16.0	16.6	16.0	15.0	15.1	14.5	16.0	16.2	15.8	15.7
	遵义	16.6	16.5	16.4	15.4	15.9	15.4	14.6	15.3	15.4	17.9	17.6	18.0	16.3
	贵阳	16.0	15.9	14.7	14.2	15.0	15.1	14.9	15.0	14.6	15.7	16.0	16.1	15.3
	安顺	17.7	17.6	15.4	14.5	15.6	15.9	16.5	16.6	15.5	17.5	17.1	18.0	16.5
	榕江	14.7	15.1	15.2	15.2	16.1	16.8	17.0	16.9	15.2	15.9	16.1	15.7	15.8
云南	丽江	9.0	9.3	9.4	9.6	10.7	14.6	16.5	17.5	17.0	14.4	11.5	10.2	12.5
	昆明	13.2	11.9	10.9	10.3	11.8	15.3	17.0	17.7	16.9	17.0	15.0	14.3	14.3
西藏	昌都	8.4	8.5	8.3	8.6	9.3	11.2	12.1	12.8	12.5	11.1	9.1	8.8	10.1
	拉萨	7.0	6.7	7.0	7.6	8.1	9.9	12.6	13.4	12.3	9.5	8.2	8.1	9.2
	日喀则	7.2	5.7	6.1	6.2	7.1	9.5	12.4	13.8	11.8	9.9	7.5	7.6	8.7
	江孜	6.1	5.8	6.5	7.1	8.1	9.8	12.5	14.3	12.5	8.9	7.5	6.9	8.0

附录15　GB/T 18581—2009《室内装饰装修材料溶剂型木器涂料中有害物质限量》（摘录）

4　要求

产品中有害物质限量应符合表1的要求：

表1　有害物质限量的要求

项　目	限量值 聚氨酯类涂料 面漆	限量值 聚氨酯类涂料 底漆	限量值 硝基类涂料	限量值 醇酸类涂料	限量值 腻　子
挥发性有机化合物（VOC）含量[a]/（g/L）　≤	光泽（60°）≥80，580 光泽（60°）<80，670	670	720	500	550
苯含量[a]/%　≤	0.3				
甲苯、二甲苯、乙苯含量总和[a]/%　≤	30		30	5	30
游离二异氰酸酯（TDI、HDI）含量总和[b]/%　≤	0.4		—	—	0.4 （限聚氨酯类腻子）
甲醇含量[a]/%　≤	—		0.3	—	0.3 （限硝基类腻子）
卤代烃含量[a,c]/%　≤	0.1				
可溶性重金属含量（限色漆、腻子和醇酸清漆）/（mg/kg）　≤　铅 Pb	90				
镉 Cd	75				
铬 Cr	60				
汞 Hg	60				

[a] 按产品明示的施工配比混合后测定。如稀释剂的使用量为某一范围时，应按照产品施工配比规定的最大稀释比例混合后进行测定。

[b] 如聚氨酯类涂料和腻子规定了稀释比例或由双组分或多组分组成时，应先测定固化剂（含游离二异氰酸酯预聚物）中的含量，再按产品明示的施工配比计算混合后涂料中的含量。如稀释剂的使用量为某一范围时，应按照产品施工配比规定的最小稀释比例进行计算。

[c] 包括二氯甲烷、1，1-二氯乙烷、1，2-二氯乙烷、三氯甲烷、1，1，1-三氯乙烷、1，1，2-三氯乙烷、四氯化碳。

附录 16　地板售后服务的六个签字

表 16-1　地板供货订购单

No.　　　　　　　　　　　　　　　　　　　　　　　　　　　　年　月　日

客户方	姓名		销售方	姓名	
	地址			地址	
	电话			电话	

商品名称	规格	数量	单价	金额（元）							备　注
				万	千	百	十	元	角	分	

合计人民币金额（大写）		小写	
收订金	元	欠款	元
提货日期	年　月　日	安装日期	年　月　日
客户签字		收款人签字	

备注	1. 地板源于自然生长之树林，因此色差不属于质量问题，望勿苛求。 2. 请预付订金 500～1000 元，一周之内无需理由，订金可全额退还，或更换其他地板产品。由于客户自己原因要求退单，我公司将从订金中扣除全额货款的 3%手续费及配货损失。 3. 若销售方不能按时交付地板，应事先向客户说明原因，并及时更换其他相近的地板产品，否则每超过一天支付客户总货款万分之三的违约金。 4. 送货前应事先与客户联系，明确送货到达时间、详细地址。上门后，请务必对商品验收（订货≥50m² 抽检五包，订货≤50m² 抽检三包）。 5. 根据行业规范，买我们的地板，由我们铺设。若不用我们铺设，务必验收地板。谁铺设谁承担保修责任及售后服务。 6. 请客户签单前仔细阅读，谢谢合作！

表16-2　地板质量验收单

亲爱的顾客：欢迎您订购我公司地板，我公司将为您提供周到、全面的服务！

为了保护您的合法权益，请您在收到我公司地板货物后进行质量验收。若货物与订单上的要求不符，客户可五条件换货。若因客户自己原因要求退货，退货搬运费应由客户承担，从订货款中扣除总货款的3%作为我公司的补偿。

客户购买我公司地板，均由我公司负责铺设，并由铺设方承担保修及售后服务责任。

No.　　　　　　　　　　　　　　　　　　　　　　　　年　月　日

客户姓名		地址		电话	
材种		规格			
数量		等级			
油漆		平均含水率			
拼装精度		天然缺陷			
是否是您原来订购的地板	是□　　否□				
辅料配件是否符合您订购的质量要求	是□　　否□				

1. 地板源于大自然生长之树木，自然缺陷在所难免，望勿苛求，属于非质量问题。望对加工缺陷严格检查。
2. 客户对产品进行抽检（订货≥50m² 抽检五包以内，订货≤50m² 抽检三包以内）。
3. 客户对产品验收合格后，请付清全部余款。
4. 根据行业规范，谁铺设谁承担保修责任。基础层面或龙骨不由我公司铺设，该部分我公司不负责任。建议客户基层施工由本公司承担，以确保您的合法权益。

客户签字：

公司监督电话：　　　　　　　　　　　　　　　　　　年　月　日

表 16-3　地板铺设任务单

铺设人员纪律：

1. 必须持证上岗，外表整齐、工具齐、辅料齐。
2. 必须严格执行铺设规范、工序，达到验收标准。
3. 必须随时虚心倾听客户意见，尽力满足客户铺装要求，但不能违背科学承诺。
4. 严禁向客户要吃、吸、喝、拿。随时做好施工记录，必要时可与客户补充铺设协议。

No.　　　　　　　　　　　　　　　　　　　　　　　　年　月　日

客户		电话		地址	
材种		规格		数量	
铺设方法		铺设人		电话	
铺设内容	基层	面层	隔断	收口	踢脚板

地板基层条件：

地面含水率　　龙骨含水率　　地板含水率

龙骨规格　　卫生间门口　　厨房门口

客厅中央　　卧室中央　　墙内地面线管

地板走向确定：

卧室 1　　客厅

卧室 2　　餐厅

卧室 3　　其他

地板与其他地材衔接

地板与门口门高衔接

双方其他条件约定

隔断过桥：

踢脚板：

打蜡：

施工方签字　　　　　　　　　　　　客户签字

年　月　日

表16-4 地板铺设验收单

铺设人员纪律：

1. 必须持证上岗，外表整齐、工具齐、辅料齐。
2. 必须严格执行铺设规范、工序，达到验收标准。
3. 必须随时虚心倾听客户意见。
4. 严禁向客户要吃、吸、喝、拿。

No.　　　　　　　　　　　　　　　　年　月　日

<table>
<tr><td>客户</td><td></td><td>电话</td><td></td><td>地址</td><td></td></tr>
<tr><td>材种</td><td></td><td>规格</td><td></td><td>数量</td><td></td></tr>
<tr><td>铺设方法</td><td></td><td>工长姓名</td><td></td><td>电话</td><td></td></tr>
<tr><td rowspan="4">铺设验收</td><td>平整度</td><td colspan="2"></td><td>过桥</td><td></td></tr>
<tr><td>拼接高度差</td><td colspan="2"></td><td>踢脚板</td><td></td></tr>
<tr><td>拼接缝隙</td><td colspan="2"></td><td>其他</td><td></td></tr>
<tr><td>伸缩缝</td><td colspan="2"></td><td></td><td></td></tr>
<tr><td rowspan="3">铺设服务</td><td colspan="5">是否挂牌上岗：　　是□　　否□</td></tr>
<tr><td colspan="5">服务态度：满意□　比较满意□　一般□　比较差□　不好□</td></tr>
<tr><td colspan="5">欢迎对我公司服务提出您宝贵的建议和意见，我们将对您的地板进行一年的保修</td></tr>
</table>

施工方签字　　　　　　　　　　验收方签字

年　月　日

表 16-5　客户回访调查单

尊敬的客户：

您好！衷心感谢您从市场上琳琅满目的地板种类中，最终选购了我们品牌的地板，并由我们来进行铺设。您的信赖，是对我们营销人员巨大的鼓舞，您是我们备受尊重的客户，我们对您使用我们品牌的地板负责，特地登门拜访，征求意见，盼能得到你们的支持。若在回访中给您带来众多不便，请予以原谅！

No.　　　　　　　　　　　　　　　　　　　　　　　　　　　　年　月　日

客户名		电话		地址			
铺设日期	年　月　日	面积		材料规格		平均含水率	
保养质量	好○　较好○　尚可○　一般○　较差○　不好○						
回访措施	指导□　清洁□　打蜡□　修缮□						
客户意见 地板质量							
客户意见 铺设要求							
客户意见 服务要求							
要求	回访人：　客户签名：　年　月　日						

表16-6　客户投诉处理单

年　月　日　No.

<table>
<tr><td>地址</td><td colspan="3"></td><td>姓名</td><td></td><td>手机/电话</td><td></td></tr>
<tr><td rowspan="2">休息日</td><td rowspan="2"></td><td>材种</td><td></td><td rowspan="2">单价</td><td rowspan="2"></td><td rowspan="2">销售日期</td><td rowspan="2"></td></tr>
<tr><td>数量</td><td></td></tr>
<tr><td>铺设单位</td><td colspan="3"></td><td>销售地点</td><td colspan="3"></td></tr>
<tr><td>电话</td><td colspan="3"></td><td>电话</td><td colspan="3"></td></tr>
<tr><td>投诉内容</td><td colspan="7">起拱□　瓦状□　漆裂□　离缝□　脱胶□　其他□</td></tr>
<tr><td colspan="8">客户要求：</td></tr>
<tr><td colspan="8">现场检测记录：
检测人：　客户签字：
年　月　日</td></tr>
<tr><td colspan="8">约定处理意见：
经办人：
年　月　日</td></tr>
<tr><td colspan="4">处理结果：
客户签字：
年　月　日</td><td colspan="4">回访结果：
回访人：
年　月　日</td></tr>
</table>

附录 17　湿度表（气流速度等于和大于 2m/s）

湿度计差（℃）	干球温度（℃）																										湿度计差（℃）
	40	42	44	46	48	50	52	54	56	58	60	62	64	66	68	70	72	74	76	78	80	82	84	86	88	90	
0	100	100	100	100	100	100	100	100	100	100	100	100	100	100	100	100	100	100	100	100	100	100	100	100	100	100	0
0.5	97	97	97	97	97	97	97	97	97	97	97	97	97	97	97	97	97	97	98	98	98	98	98	98	98	98	0.5
1	94	94	95	95	95	95	95	95	95	95	95	95	95	95	95	95	95	95	96	96	96	96	96	96	96	96	1
1.5	91	91	92	92	92	92	92	92	92	92	92	92	93	93	93	93	93	94	94	94	94	94	94	94	94	94	1.5
2	88	89	90	90	90	90	90	90	90	90	90	90	91	91	91	91	91	91	92	92	92	92	92	92	92	92	2
2.5	85	86	87	87	87	87	87	87	87	87	87	88	88	88	88	88	88	89	89	90	90	90	90	90	90	90	2.5
3	82	83	84	84	84	84	84	84	85	85	86	86	86	86	86	86	86	87	87	88	88	88	88	88	88	88	3
3.5	79	80	81	81	81	81	82	82	83	83	83	83	83	83	83	83	84	85	85	86	86	86	86	86	86	86	3.5
4	77	78	79	79	79	79	80	80	81	81	81	82	82	82	82	82	82	83	84	84	84	84	84	84	84	85	4
4.5	74	75	76	76	76	76	77	78	79	79	79	80	80	80	80	80	81	82	82	82	82	82	82	82	83	83	4.5
5	71	72	73	74	74	74	75	76	77	77	77	78	78	78	78	78	79	80	80	80	80	80	80	80	81	81	5
6	66	67	68	69	70	70	71	72	73	73	73	74	74	75	75	75	76	76	77	77	77	77	77	78	78	79	6
7	62	62	62	64	65	66	67	68	68	69	69	70	70	71	71	71	72	72	73	73	73	74	74	74	75	75	7
8	56	58	59	60	61	62	63	64	65	65	65	66	67	67	68	68	69	69	70	70	70	71	71	72	72	72	8
9	52	53	54	55	56	58	59	60	60	61	61	62	63	63	64	64	65	65	66	66	66	67	67	68	69	69	9
10	48	49	50	51	52	54	55	56	57	58	58	59	60	61	61	61	62	63	64	64	64	65	65	66	69	66	10
11	44	45	46	47	48	50	51	52	53	54	55	56	57	57	58	58	59	60	61	61	61	62	62	63	63	63	11
12	40	42	43	45	46	47	48	49	50	51	52	53	54	54	55	55	56	57	58	58	58	59	59	60	60	61	12
13	36	38	39	41	42	44	45	46	47	48	49	50	51	52	52	52	53	53	54	55	55	56	56	57	57	58	13
14	34	35	36	38	39	41	42	43	44	45	46	47	48	49	49	49	50	51	52	53	53	54	54	55	55	56	14

续表

湿度计差	干球温度（℃）																									温度计差
（℃）	40	42	44	46	48	50	52	54	56	58	60	62	64	66	68	70	72	74	76	78	80	82	84	86	88	90	（℃）
15	29	31	33	34	36	37	38	39	41	42	43	44	45	46	46	46	47	48	49	50	50	51	51	52	52	53	15
16	25	28	30	31	33	34	36	37	38	39	40	41	42	43	44	44	45	46	47	48	48	49	49	50	50	51	16
17	23	25	27	28	30	31	33	34	35	36	37	38	39	40	41	41	42	43	44	45	45	46	46	47	48	49	17
18	19	22	24	25	27	29	30	32	33	34	35	36	37	38	39	39	40	41	42	42	43	43	44	45	46	47	18
19	17	19	21	22	24	26	27	29	30	31	32	33	34	35	36	37	38	39	40	40	41	42	42	43	44	45	19
20	14	46	18	20	22	24	25	27	28	29	30	31	32	33	34	35	36	37	38	38	39	40	40	41	42	43	20
21	11	13	15	17	19	21	22	24	25	27	28	29	30	31	32	33	34	35	36	36	37	38	38	39	40	41	21
22	8	11	13	15	17	29	20	22	23	25	26	27	28	29	30	31	32	33	34	34	35	36	36	37	38	39	22
23			10	12	14	16	18	20	21	22	24	25	26	27	28	29	30	31	32	32	33	34	34	35	36	37	23
24			8	10	12	14	46	18	19	20	22	23	24	25	26	27	28	29	30	31	31	32	32	33	34	35	24
25					10	12	14	16	17	18	20	21	22	23	24	25	26	27	28	29	29	30	30	31	32	33	25
26					8	10	12	14	15	17	18	19	20	22	23	23	25	25	27	27	28	29	29	30	31	32	26
27							10	12	13	15	16	17	18	20	21	21	23	23	24	25	26	27	27	28	29	30	27
28							8	10	12	13	14	16	17	18	19	20	21	22	23	24	25	26	26	27	28	29	28
29								8	10	11	12	14	15	16	17	18	19	20	21	22	23	24	24	25	26	27	29
30								7	8	9	11	13	14	15	16	17	18	19	20	21	22	23	23	24	25	26	30
32											8	10	11	12	13	14	15	16	17	18	19	20	20	21	22	23	32
34														10	11	12	13	14	15	15	16	17	18	19	19	20	34
36																9	10	11	12	13	14	15	15	16	17	18	36
38																				11	12	13	13	14	15	16	38
40																						11	11	12	13	14	40

附录18　128种材种名总表

序号	木材名称	树种名称		材色、特点及密度	评价	主要产地	市场名、误导名
		树种拉丁名	国外商品材名称				
1	硬槭木	*Acer* spp. *A. nigrum A. saccharum*	Hard maple，Black maple，Sugar maple，Rock maple	心材红褐色，边材色浅。纹理直，结构细而匀，有光泽，强度高，干缩性小，不易起翘。射线分宽窄两类。木材重量中或中至重。体育场馆地板首选	较好	北美洲	枫木、红影
2	软槭木	*Acer* spp. *A. macrophyllum A. rubrum A. saccharinum*	Soft maple，Red maple，Swamp maple，Silver maple，Water maple，River rnaple	心材浅褐色，边材色浅。有光泽，切面常见“雀眼”图案，纹理直，结构细而匀，质轻软，强度任性适中，切削。木材重量中或轻至中。涂饰，胶黏，磨光性良好，材软不耐磨，干燥较慢	较差	北美洲	枫木
3	任嘎漆	*Gluta* spp. *G. aptera G. elegans G. malayana G. laxiflora G. renghas G. torquata G. velutina G. wallichii G. wrayiMelanochyla* spp. *M. auriculata M. bracteata M. fulvinervis M. kunstleriMelanorrhoea* spp. *M. laccifera M. usitata*	Rengas，Inhas，Thitsi，Burma varnish tree，Son，Rengas tembaga，Pak，Rengas hutan	心材浅红褐色，有时具黑色条纹。结构略粗至颇细，均匀。重量中至重，气干密度通常0.6～0.8g/cm³。干缩甚小，纹理交错，干燥慢，有扭曲	较好	东南亚地区	紫檀、印尼花梨、檀香紫檀
4	重盾籽木	*Aspidosperma* spp. *A. album A. cruentum A. desmanthum A. megalocarpon*	Araracanga，Shibadan，Bois Macaye，Maparana，Kromati kopi，Aracan	心材橘红褐会色；与边材区别明显。木材具光泽，干燥后无味，纹理直或斜，结构细均匀，木材重，干缩大，强度高。管孔肉眼可见，主为单管孔。气干密度0.91～0.95g/cm³	一般	热带南美及中美洲	象牙木
5	红盾籽木	*Aspidosperma* spp. *A. peroba*	Peroba rose，Red peroba	心材玫瑰红色，久则呈黄褐色或褐色，与边材区别常不明显。管孔放大镜下可见，主为单管孔，木材光泽弱，无气味，略带苦味，纹理直或交错，波浪状，结构甚细而匀，木材重量中或重。干缩中至大，强度高。气干密度0.75g/cm³。耐腐性高，染色抛光，胶合性能佳。谨防干燥，防腐剂心材难处理	较好	巴西及阿根廷	金红檀

续表

序号	木材名称	树种名称		材色、特点及密度	评价	主要产地	市场名、误导名
		树种拉丁名	国外商品材名称				
6	桤木	*Alnus* spp. *A. cordata A. glutznosa A. incana A. japonica A. jorullensis A. rubra A. tenuifolia*	Alder，Common alder，European alder，Grey alder，Japanese alder，Red alder，Thinleaf alder，Mountain alder	心材浅黄白色或浅褐带红；与边材区别不明显。具聚合射线。气干密度约 0.43～0.53g/cm³。涂饰，胶黏，磨光性良好，材软，易裂。易锯刨，下缩大	较差	亚洲、欧洲、温带北美洲等	缅甸榉木
7	桦木	*Betula* spp. *B. alleghaniensis B. alnoides B. costata B. dahurica B. ermanii B. medwediewii B. uigra B. papyrifera B. pendula B. pubescens*	Birch，Yellow birch，Asiatic birch，River birch，Paper birch，Pubescent birch，European white birch	心材浅黄，黄褐或褐色；与边材区别不明显。具光泽，纹理直至斜，均匀，重量硬度强度中，富弹性，干缩小。气干密度约 0.55～0.75g/cm³。加工性能良好，切面光滑，易黏和，染色磨光，不耐腐	较好	亚洲、欧洲及北美洲	樱桃木
8	重蚁木	*Tabebuia* spp. *T. guayacan T. impetiginosa T. ipe T. serratifolia*	Ipe，Lapacho，Tabebuia，Hakia，Guayacan，Ebene verte，Lapacho negro，Tahuari negro，puy，Yellow Poui，Acapro，Canaguate，Polvillo，Iron wood	木材橄榄褐色略具深或浅色条纹。光泽弱，无味，纹理直或交错，结构细至略粗，均匀，木材有油腻感。木材甚重干缩甚大，较耐腐。气干密度>0.9g/cm³。加工难，稳定性好，强度高，干燥易，迅速。略有翘曲，开裂表面硬化	较好	中美及南美洲	紫檀、红檀、绿心葳依贝、喇秋
9	蚁木	*Tabebuia* spp. *T. insignis T. insignis* var. *monophylla T. stenocalys T. rosea*（*T. pentaphylla*）	Wqitecedar，Whitetabebuia，Warakuri，Zwarnppanta，Boisblanchet，Cedre bhnc，Courali，Johoto，Mattoe，Waroekoeli，Apamate，Mayflower，Roble，Roble blanc，Rdole de sabana，Roble del rio	木材浅褐色，略带橄榄色或红色。略有光泽，无味，纹理直或交错，结构细至略粗，重量中等，干缩中至大，强度中，气中干。气干密度 0.6～0.7g/cm³。耐侯性，稳定性好。轻微的面裂变形，不耐腐，易受虫害，染色胶合性好	较好	巴西、圭亚那、苏里南、墨西哥、委内瑞拉等	紫檀、依贝
10	硬丝木棉	*Scleronema* spp. *S. micranthum S. praecox*	Cardeiro，CedrO bravo，Cedrinho，Castanha de paca	心材红褐色；边材灰白色。具光泽，无味，纹理直，结构略粗，木材重量中等，干缩甚大，强度高，干燥须小心。否则变形或开裂。气干密度约 0.72g/cm³。耐腐性差，握钉璃强，胶合性佳	较差	南美洲亚马孙地区	

续表

序号	木材名称	树种名称		材色、特点及密度	评价	主要产地	市场名、误导名
		树种拉丁名	国外商品材名称				
11	缅茄木	*Afzelia* spp. *A. africana* *A. bella* *A. bipindensis* *A. pachyloba* *A. quanzensis* *A. zenkeri* *A. xylocarpa*	Doussie，Azodau，Afzelia，Chanfut，Apa，Lingue	心材褐色至红褐色。木材具光泽，无味，纹理交错，结构细略均匀，木材重，干缩大。气干密度约 0.8g/cm³。强度高，干燥慢，干燥性能良好，无开裂变形，耐腐性强，抗白蚁	较差	前 6 种产非洲；后 1 种产缅甸及泰国	非洲柚木
12	双雄苏木	*Amphimas* spp. *A. ferrugineus* *A. klaineanus* *A. pterocarpoides*	Lati，Edzui，Muizi，Yaya，Ogiya，Edzil，Bokanga	木材褐色。木材具光泽，无味，纹理直或交错，木材重，干缩甚大，强度高。气干密度约 0.8g/cm³	一般	热带西非	藏青檀
13	铁苏木	*Apuleia* spp. *A. leiocarpa*	Garapa，Pau mulato	心材黄褐色，久则变深；与边材区别明显。边材近白色。具光泽，无味，纹理直至波状，结构细，均匀，干缩甚大，木材重，强度中等。气干密度约 0.83g/cm³。耐腐，加工易，切面光滑	较好	阿根廷、巴西、委内瑞拉及秘鲁	金檀木、金象牙、彩象牙
14	红苏木	*Baikiaea* spp. *B. plurijuga*	Rhodesianteak，Umgusi，Zambesi Redwood	心材红褐色，具不规则深色条纹；边材色浅。具光泽，无味，结构甚细，均匀，木材重，干缩率小，强度高。气干密度 0.73～0.9g/cm³。干燥慢，不开裂和翘曲，很耐腐，锯困难，胶粘性良好	较好	热带非洲	罗得西亚柚木、赞比亚红木
15	短盖豆	*Brachystegia* spp. *B. cynometroides* *B. eurycoma* *B. leonensis* *B. nigerica*	Naga，Bogdei，Ekop naga，Meblo，Mendou，Okwen，Tebako	心材黄褐，略带紫或红褐色。具光泽，无味，纹理直至交错，结构细而匀，干缩甚大，木材重，强度中等。气干密度通常>0.6g/cm³。干燥速度慢至中，稍有变形，但开裂严重，耐腐中等，抗害虫，抗蚁中等	一般	西非至中非地区	古柚、帝龙木
16	喃喃果木	*Cynorrvetra* spp. *C. alemandrii* *C. ananta* *C. hankei* *C. malaccensis* *C. ramiflora*	Muhimbi，Muhindi，Utuna，Apome，Ekop-nganga，Balaka，Wehu，Dah，Kekatong	心材多为红褐色，与边材区别明显。具光泽，无味，纹理直至交错，结构细均匀，木材重，干缩中等，强度高。气干密度多>0.9g/cm³。干燥慢，表面和端面有开裂倾向，但不翘曲，耐腐，抗虫危害	一般	前 3 种分布非洲；后 2 种产东南亚	墨玉木、红玉木

续表

序号	木材名称	树种名称		材色、特点及密度	评价	主要产地	市场名、误导名
		树种拉丁名	国外商品材名称				
17	摘亚木	*Dialium* spp. *D. cochinchinense D. indum D. kingii D. maingayi D. platysepalum D. bipindense D. corbisieri D. dinklagei D. excelsum D. holtzii D. guiarvense*	Keranji，Nyamut，Eyoum，Mususu，Dialium，Mpepete，Jutahy	心材褐色至红褐色。木材光泽强，无味，纹理直至略交错，结构细而匀，木材重至甚重。气干密度多为＞0.8g/cm³。干缩大，至甚大强度高，干燥宜慢，耐腐	较好	前5种产亚洲；最后1种产南美及中美；其余产非洲	柚木王、格兰吉
18	双柱苏木	*Dicorynia* spp. *D. gumnensis*	Angelique，Basralocus，Angelca，Angelique gris	心材黄褐至红褐色。光泽强，无味，纹理直至略交错，结构略粗而均匀，木材中至重。气干密度0.73～0.79g/cm³。干缩甚大，强度高，干燥快，有端裂，面裂，很耐腐，耐候，钉钉困难	一般	苏里南、法属圭亚那、巴西等	美柚、南美红檀、圭亚那柚木
19	木荚苏木	*Eperua* spp. *E. falcata*	Wallaba，Apa，Apazeiro，Wapa，Bioudou，Bijlhout，Uapa，Palo machete	心材褐至红褐色。光泽强，无味，纹理通常直，结构略粗，均匀，木材重，干缩小至中，强度高。气干密度约0.87g/cm³。气干慢，略开裂，变形，很耐腐，胶粘性好	一般	圭亚那、巴西等南美东北部	
20	古夷苏木	*Cuibourtia* spp. *G. demeusei G. pellegriniana G. tessmannii*	Bubinga，Gabon kevazingo，Ebalm，Oveng，Waka	心材红褐色，具紫色条纹。木材具光泽，无味，纹理直至略交错，结构细均匀，木材重，干缩大，强度高。气干密度多为＞0.92g/cm³。干燥略快，无开裂和变形，耐腐，但边材有菌虫危害	较好	中非地区	卜宾家、红桂宝、巴西花梨
21	孪叶苏木	*Hymenaea* spp. *H. courbaril H. davisii H. intermedia H. oblongifolia H. parvifolia*	Courbaril，Jatoba，Jutai，Jatai，Algarrobo，Locust，Locus，Azucarhuayo，Rode lokus，Cuapinol，Csguairan，Copalier	心材浅褐，橘红褐到紫红褐色，具深条纹。光泽强，无味，纹理常交错，结构略粗，略均匀，木材重，干缩甚大，强度高。气干密度0.88～0.96g/cm³。干燥中至快，略有面裂、翘曲和表面硬化，很耐腐，抗虫害强	一般	中美、南美、加勒比及西印度群岛	巴西柚木、美柚、佳托巴、南美红木

续表

序号	木材名称	树种名称		材色、特点及密度	评价	主要产地	市场名、误导名
		树种拉丁名	国外商品材名称				
22	印茄木	*Intsia* spp. *I. bijuga I. palembanica I. retusa*	Merbau，Mirabow，Ipil，Djumelai，Salumpho，Kwila，Gonuo，Komu	心材褐色至红褐色；与边材区别明显。具光泽，无味，纹理交错，结构中，均匀，木材重或中至重，硬，干缩小。强度高至甚高。气干密度约0.8g/cm³。干燥性能好，速度慢，耐腐，钉钉易裂，尤其染色性好	好	东南亚，斐济、澳大利亚等	铁梨木、假红木、波罗格
23	大甘巴豆	*Koompassia* spp. *K. excelsa*	Tualang，Kayu raja，Tapang，Manggis，Ginoo，Yuan，Bengaris，Wehis，Mengaris	心材暗红，久呈巧克力色。具光泽，无味，纹理交错或波浪形，结构粗，略均匀，木材重，硬。干缩甚小强度高。气干密度通常＞0.8g/cm³。干燥稍慢，耐腐，易受虫害，油漆和染色佳，防腐处理难	一般	泰国、马来西亚，菲律宾、印度尼西亚等	金不换、门格里斯
24	甘巴豆	*Koompassia* spp. *K. malaccensis*	Kempas，Empas，Impas，Mengefis，Pah，Upil，Thong，Bueng	心材粉红，砖红或橘红色。具光泽，无味，纹理交错，结构粗，均匀，木材中至甚重，质硬，干缩小，强度高至甚高。气干密度0.77～1.1g/cm³。干燥稍快，可能劈裂，不抗白蚁，有脆心材发生	较差	马来西亚、印度尼西亚、文莱等	康巴斯、南洋红木、黄花梨、金不换、钢柏木
25	小鞋木豆	*Microberlinia* spp. *M. bisulcata M. brazzavillensis*	Zhagana，Zebrano，Amouk，Allen Ele，Zebrawood	心材黄褐色，具深色带状条纹。木材光泽弱，无味，纹理斜至略交错，结构中，均匀，木材重，干缩甚大。强度高。气干密度0.73～0.8g/cm³。干燥慢，略开裂，变形严重，耐腐性中等，抗虫害中等	较好	中非地区	斑马木
26	紫心苏木	*Peltogyne* spp. *P. catingae P. confertifiora P. lecointei*，*P. mararnhensis P. paniculata P. paradoxa P. pubescens P. venosa*	Amarante. Purpleheart，Morado，Pau roxo，Roxinho，Pau violeta，Guarabu，Coata quicava，Tananeo，Mazareno，Bois violet，Koroborelli，Zapatero，Morado，Violettholz	心材深褐色至深紫色。耐腐耐磨，强度硬度大。气干密度常＞0.8g/cm³。干缩大	一般	热带南美	紫罗兰
27	重油楠	*Sindora* spp. *S. cochinchinensis S. siamensis*	Sindoer，Gomat，Gu，Go，Krakas，Krakas sbek，Krakas meny，Makatae，Sepetir lichin	气干密度0.78～1.0g/cm³。余略同油楠	一般	泰国、柬埔寨、越南、马来西亚	

续表

序号	木材名称	树种名称		材色、特点及密度	评价	主要产地	市场名、误导名
		树种拉丁名	国外商品材名称				
28	柯库木	*Kokoona* spp. *K. littoralis K. luzoniensis K. ochracea K. re-flexa*	Mata ulat, Bajan, Perupok, Perupok kuning	心材浅黄褐，微带红。有光泽，无味，纹理略交错，结构细不均匀，木材重，强度中等，干缩小，干燥快，耐腐性中等。气干密度 0.89～1.06g/cm³。稍有端裂，面裂	较差	东南亚	金柯木
29	姜饼木	*Parinari* spp. *P. campestrls P. coslatum P. excelsa P. glabra P. oblongifolia P. robusta p. rodolphii P. rubiginosa*	Merbatu, kemalau, Mentelor, Torog, Sougue, Mampata, Kpar, Mubura, Koaramon, Aramort, Burada, Parinari	心材浅褐，黄褐至红褐。光泽弱，无味，纹理直至交错，结构细，干缩大，强度中等。气干密度通常0.8～1.0g/cm³。易变形，不耐腐	一般	1～3 种产东南亚；4～6 种产非洲；后 2 种产拉丁美洲	雨花梨、花丝梨
30	栗褐榄仁	*Terminalia* spp. *T. alatata T. tomentosa*	Rok- fa, Indian laurel, Sain, Taukkyan	心材栗褐色，巧克力色；边材色浅，木材重。结构细且均匀，干缩小，酸性，易加工。气干密度可达 0.87g/cm³。不耐腐	较好	印度、泰国、缅甸、越南及柬埔寨	胡桃木、黑胡桃，毛榄仁豆
31	五桠果	*Dillenia* spp. *D. beccariana D. excelsa D. grandifolia D. ovata D. philippinensis D. pulchella D. reticulata*	Katmon, Kendikara, Simpur jangkang, Simpoh	心材红褐色，有时略带紫，与边材区别不明显。纹理直，易加工，灰褐色，硬度中等，强度大。气干密度约 0.7g/cm³。不耐腐	较好	马来西亚、菲律宾、印度尼西亚等	桠果木
32	异翅香	*Anisoptera* spp. *A. Costata A. Curtisii A. Grossivenia A. Laevis*	Mersawa, Pengiran, Krabark, Palosapis	心材黄褐色，与边材区别明显。纹理细且均匀，硬度强度中等，易加工，油漆着胶能力好，抛光性能好。气干密度约 0.6g/cm³。干燥慢，易开裂弯曲，光泽弱	较好	马来西亚、印度尼西亚、泰国等	
33	龙脑香	*Dipterocarpus* spp. *D. alatus D. cornutus D. costatus D. costulatus D. gracilis D. gran-diflorus D. kerrii D. turbinatus*	Apitong, Keruing, Keroeing, Gurjun, Yang	心材红褐色，与边材区别明显。纹理直，硬度高，胶合能力差，抗酸性。气干密度通常 0.7～0.8g/cm³。光泽弱，结构粗，油性	较好	菲律宾、马来西亚、泰国、印度、缅甸、老挝等	夹柚木、缅甸红，克隆、阿必通、油仔木

续表

序号	木材名称	树种名称		材色、特点及密度	评价	主要产地	市场名、误导名
		树种拉丁名	国外商品材名称				
34	冰片香	*Dryobalanops* spp. *D. aromatica D. beccarii D. fusca D. lanceolata*	Kapur	心材红褐色，与边材区别明显。纹理直，强度硬度大，易加工。气干密度约 0.8g/cm³。胶合能力差，易变形	一般	马来西亚、印度尼西亚	山樟
35	轻坡垒	*Hopea* spp. *H. acuminata H. beccariana H. dyeri H. ferr-ugznea H. latifolia H. mengarawan H. odorata*	Merawan，Manggachapui，Takhian-tong	心材新切面浅黄，久呈浅褐或红褐色，与边材界限欠明显。光泽强，易加工，胶黏，抛光性能好，耐腐，纹理均匀。气干密度通常<0.95g/cm³。干燥慢，易变形	较好	印度尼西亚、马来西亚、泰国及菲律宾等	山桂花、玉檀、玉桂木
36	重坡垒	*Hopea* spp. *H. ferrea*，*H. helferi H. nutens H. pentanervia H. semicuneata H. subalata*	Giam，Selangan，Thingan-net，Thakiam	心材黄色微带绿，久则呈黄褐或红褐色，与边材几无区别。硬度大，胶和能力差，结构细且均匀，油漆性能好。气干密度>0.96g/cm³。干燥慢，易变形	一般	马来西亚等	铁柚、铁檀
37	重黄娑罗双	*Shorea* spp. *S. atrinervosa S. ciliata S. elliptica S. forworthyi S. glauca S. laevis S. maxweliana*	Balau，Bangkirai，Selangan batu，Aek，Teng	心材黄色至深褐色，与边材区别明显。光泽弱，纹理均匀细腻，易加工。气干密度 0.85～1.15g/cm³。不耐腐、易变形	较好	马来西亚、印度尼西亚、泰国等	梢木、巴劳、玉檀、柚檀、金丝檀
38	重红娑罗双	*Shorea* spp. *S. collina S. guiso S. kunstleri S. ochrophloia S. plagata*	Red balau，Gisok，Balau merah，Guijo	心材浅红褐至深红褐色，与边材区别明显。光泽弱，干缩小，强度高，易加工。气干密度 0.8～0.88g/cm³。结构粗	一般	印度尼西亚，马来西亚、菲律宾	玉檀、柚檀、红梢、巴劳、钻石檀
39	白娑罗双	*Shorea* spp. *S. agami S. assamica S. bracteolata S. de-albata S. hypochra S. lamellata S. resinosa*	White meranti，Mdapi，Meranti puteh，Kayu Tahan，TakhianSai	心材近白色，久露大气中呈浅黄褐色，与边材区别不明显或略见。结构略粗，纹理均匀，易加工。气干密度 0.5～0.9g/cm³。易变形，密度变化大	一般	印度尼西亚、马来西亚、泰国等	金罗双、白柳桉
40	黄娑罗双	*Shorea* spp. *S. faguetiana S. gibbosa S. hopeifolia S. maxima S. multiflora S. polita*	Yellow meranti，Yellow seraya，Meranti putih，Manggasinoro，Yellow lauan	心材黄色至黄褐色，与边材区别通常明显。纹理均匀，易加工。气干密度 0.58～0.74g/cm³。光泽弱，不耐腐	一般	印度尼西亚、马来西亚、菲律宾	黄柳桉

续表

序号	木材名称	树种名称		材色、特点及密度	评价	主要产地	市场名、误导名
		树种拉丁名	国外商品材名称				
41	深红娑罗	*Shorea* spp. *S. acumlnata* *S. argentifolia* *S. curtisii* *S. ovata* *S. pauciflora* *S. platyclados*	Dar kred meranti，Meranti metah，Obar suluk，Dark red philip pine mahogany	心材红褐至深红褐，与边材区别明显。强度硬度高，耐腐，颜色深而均匀。气干密度 0.56～0.86g/cm³。干燥慢	较好	印度尼西亚、马来西亚、菲律宾等	红柳桉
42	婆罗香	*Upuna borneensis*	Penyau	心材暗褐色，与边材区别明显。光泽弱，无味，纹理直或稍交错，结构略粗均匀，木材重硬，干缩小，耐腐。气干密度约 1.14g/cm³。干燥慢	好	印度尼西亚、马来西亚	
43	青皮	*Vatica* spp. *V. bella* *V. mangachapoi* *V. nitens*	Resak，Narig	心材褐色带绿，与边材区别明显或不明显。纹理直，结构均匀，重硬，强度大，油漆性能好。气干密度多>0.8g/cm³。干燥慢，油性	一般	印度尼西亚、马来西亚、菲律宾等	
44	柿木	*Diospyros* spp. *D. abyssinica* *D. kamerunensis* *D. sanziminika*	Msambu，Ebene，Mevini，Kake，Evila，Liberia ebony	心材灰褐至红褐色，与边材界限不明显。边材色浅。有光泽，无味，纹理直，结构细，木材重中等，干缩大，强度大。气干密度多>0.8g/cm³。略耐腐，抗蚁，大树可能有脆心材	一般	加纳、加蓬，喀麦隆、尼日利亚、埃塞俄比亚等	
45	象胶木	*Hevea* spp. *H. brasiliensis*	Rubberwood，Para rubber tree	心材乳黄色至浅黄褐色，与边材区别不明显。略具光泽，无味，纹理直或略斜，结构细至略粗、均匀，木材重量中等，干缩大，强度弱。气干密度约 0.65g/cm³。不耐腐，气干迅速	较好	原产亚马孙地区。现广种世界热带地区	橡木
46	良木豆	*Amburana* spp. *A. acreana* *A. cearensis*	Cerejeira，Amburana，Ishpingo palo trebol	心材近黄色，与边材界限不明显。光泽强，略有香味，纹理斜结构细均匀，木材轻至重，干缩小，强度中等。气干密度约 0.6g/cm³。干燥慢，耐腐性中等，抗蚁性差，有轻微翘曲和开裂	好	巴西、阿根廷、巴拉圭、秘鲁、玻利维亚	黄檀、龙凤檀、苏亚红檀

续表

序号	木材名称	树种名称		材色、特点及密度	评价	主要产地	市场名、误导名
		树种拉丁名	国外商品材名称				
47	鲍迪豆	*Bowdichia* spp. *B. nitida B. virgilioides*	Sucupira, Sapupira, Alcomoque, Congrio	心材巧克力色至黑褐色，与边材区别明显。光泽好，纹理细且均匀，强度硬度大，耐腐。气干密度通常 0.89～1.0g/cm^3。干燥难，易变形	好	巴西、委内瑞拉、乌拉圭等	花檀、黑檀、南美柚檀、胡桃木
48	二翅豆	*Dipteryx* spp. *D. odorata D. punctata D. trifoliata*	Cumaru, Tonka bean, Almen drillo, Tonka, Sarrapia	心材浅褐至红褐色，与边材区别明显。纹理细致，无味。气干密度通常＞1.0g/cm^3。光泽好，耐腐，易加工，性能较好	一般	巴西、圭亚那、哥伦比亚、秘鲁、委内瑞拉等	黄檀、龙凤檀、苏亚红檀
49	崖豆木	*Millettia* spp. *M. laurentii M. stuhlmannii M. leucantha*	Wenge, Awoung, Thinwin, Sathon	心材紫色至黑色，与边材区别明显。结构粗而不均匀，较古朴，强度硬度大。气干密度 0.8～1.02g/cm^3。油性，干燥慢，性能佳	较好	1～2 种产刚果（布）、喀麦隆、刚果（金）等；后 1 种产缅甸、泰国等	鸡翅木
50	香脂木豆	*Myroxylon* spp. *M. balsamum*	Balsamo, Estoraque	心材红褐至紫红褐色，与边材区别明显。木材略具香气，滋味微苦。香味浓厚，光泽好，易加工。气干密度约 0.95g/cm^3。稳定性能差，耐腐耐磨	好	巴西、阿根廷、秘鲁、委内瑞拉等	红檀香
51	南美红豆木	*Ormosia* spp. *O. coccinea O. coutinhoi*	Tento, Kokriki, Kororoko	心材橘红至红褐色，与边材区别明显。具光泽，无味，纹理常交错，结构略粗，略均匀，木材重量中至重，干缩甚大，强度高。气干密度 0.62～0.77g/cm^3。干燥慢，略有开裂和翘曲，耐腐性中等，抗虫害性能好	好	热带南美	
52	美木豆	*Pericopsis* spp. *P. elata*	Afrormosia, Assamela, Obang	心材黄褐至深褐色，与边材区别明显。具有光泽，纹理稍斜，主交错，结构甚细、均匀，重量中等，干缩中至偏大，强度中至高。气干密度约 0.7g/cm^3。干燥慢，稍有翘曲，开裂，耐腐	较好	热带非洲	柚木王

续表

序号	木材名称	树种名称		材色、特点及密度	评价	主要产地	市场名、误导名
		树种拉丁名	国外商品材名称				
53	花梨	*Pterocarpus* spp. *P. cambodianus P. dalbergioides P. indicus P. macrocarpus P. marsupium P. pedatus P. erinaceus*	Padauk，Ambila	心材黄褐、红褐至紫红褐色，常具条纹，与边材区别明显。散孔材至半环孔材。木材常具辛辣香气。油性，略微香味，纹理细腻，重硬。气干密度>0.76g/cm³。油漆性能好	好	1～6种产东南亚；最后1种产热带非洲	红木
54	亚花梨	*Pterocarpus* spp. *P. angolensis P. tinctorius* var. *chrysothris P. soyauxii*	Muniga，Nkula，African padauk	心材褐色、粉红至紫褐色，与边材区别明显。散孔材或至半环孔材。木材略具香气。有光泽，有微弱香气，纹理直至交错，结构细，略均匀，重量轻至中，干缩小，强度中等。气干密度0.5～0.72g/cm³。干燥慢，略耐腐	较好	热带非洲	花梨、科索
55	红铁木豆	*Swartzia* spp. *S. fiatuloides S. benthamiana S. xanthopetala*	Dina，Kiela kusu，Saboarala，Itikiboroballi	心材红褐至紫红褐色，与边材区别明显。有光泽，纹理略交错，结构细，均匀，木材重，干缩大，强度高。气干密度0.89～1.0g/cm³。干燥慢，中等开裂，变形小，很耐腐，抗白蚁害虫强，易劈裂	一般	第1种产非洲；后2种产圭亚那、苏里南、巴西等南美	
56	水青冈	*Fagus* spp. *F. grandifolia F. sylvatica*	Beech，American Beech，European Beech	心材红褐色，与边材界限常不明显。有光泽，结构细，均匀，重量中等。气干密度0.67～0.72g/cm³。不耐腐，加工易变形，纹理美观	较差	北美及欧洲	榉木、山毛榉
57	红栎	*Quercgts* spp. *Q. cerris Q. cocctnea Q. falcata Q. rubra Q. shumardii*	Red oak，Turkey oak，Scarlet oak，AmericanRed oak，Shu mard oak	心材褐色带红，与边材区别明显。晚材管孔放大镜下明显，心材侵填体少。纹理直，结构细，干缩小，重硬，不易干燥，易裂。气干密度0.66～0.77g/cm³。胶合涂饰能力好，花纹美观	较好	北美、欧洲、土耳其等	橡木、红橡木、红柞木
58	白栎	*Quercus* spp. *Q. alba Q. bicolor Q. lyrata Q. mongolica Q. petraea Q. robur*	White oak，Swamp white oak，European oak	心材灰褐色，与边材区别明显。晚材管孔放大镜下可见，心材侵填体丰富。有光泽，花纹美观，纹理直，结构略粗，不均匀，重量硬度中等，强度高，干缩性略大。气干密度0.63～0.79g/cm³。加工易，切削面光滑，油漆，磨光、胶粘性良好	较好	亚洲、欧洲及北美	橡木、白橡木、白柞木

续表

序号	木材名称	树种名称		材色、特点及密度	评价	主要产地	市场名、误导名
		树种拉丁名	国外商品材名称				
59	铁力木	*Mesua* spp. *M. ferrea*	Penaga, Bosneak, Boonnark, Nagasari, Vap	心材红褐色，常带紫色条纹，与边材界限明显。木材重，质硬，干缩中，强度高至中。气干密度>1.0g/cm^3。干燥不难	较好	越南、柬埔寨、泰国、马来西亚、印度尼西亚等	
60	香茶茱萸	*Cantleya corniculata*	Dedaru, Seranai	心材黄褐色，与边材区别略明显。有光泽，新切面具有香气，纹理交错，结构细而匀，材质中。气干密度约0.93g/cm^3。有香气	差	马来西亚、印度尼西亚等	芸香、达茹
61	苞芽树	*Irvingia* spp. *I. gabonensis I. grandifolia I. malayana*	Oba, Bobo, Andok, Zembila, Olene, Kacok, Pauh kijang, Chambak, Pauh kidjang	心材黄褐色，灰褐色，与边材区别常不明显。木材略有光泽；无特殊气味和滋味，纹理斜或交错，结构中，均匀。木材重，干缩甚大，强度高。气干密度0.9～1.0 g/cm^3。心材耐腐性高，易锯刨，砂光和胶合性能良好		热带非洲及东南亚	
62	山核桃	*Carya* spp. *C. aquatzca C. illinoensis C. glabra C. ovata C. tomentosa*	Hickory, Pecan hickory, True hickory	心材浅灰褐，褐色或微带红，边材灰褐色。气干密度0.6～0.82g/cm^3	较好	美国	黑胡桃
63	铁樟木	*Eusideroxylon* spp. *E. malagangai*	Malagangai, Njelong	心材红褐色，与边材区别明显。气干密度约0.88/cm^3		马来西亚、印度尼西亚	
64	坤甸铁樟木	*Eusideroxylon* spp. *E. zwageri*	Bdian, Ulin, Tanbulian	心材黄褐至红褐色，久则转呈黑色，与边材区别明显。气干密度约1.0g/cm^3		马来西亚、印度尼西亚、菲律宾	铁木、贝联、坤甸、紫金刚
65	热美樟	*Mezilaurus* spp. *M. itauba M. navalium*	Itauba	心材黄褐带绿，有时呈黑褐色，与边材界限常不明显。光泽弱，纹理直至略交错，结构细而匀，材质重，干缩甚大，强度高，木材干缩差异大。气干密度0.7～0.96/cm^3。干燥时开裂，翘曲严重，很耐腐	一般	巴西、秘鲁、苏里南、法属圭亚那等	

续表

序号	木材名称	树种名称		材色、特点及密度	评价	主要产地	市场名、误导名
		树种拉丁名	国外商品材名称				
66	细孔绿心樟	*Ocotea* spp. *O. porosa*	Imbuia	心材黄褐至巧克力褐色。有光泽，新伐有树脂香味，干后消失，纹理直，结构细而匀，干缩大，抗虫强至中，重量及强度中等。气干密度 0.64～0.71g/cm^3。干燥可能开裂，变形，耐腐中等	好	巴西等	
67	绿心樟	*Ocotea Rodiei*	Greenheart	心材黄色至黄褐色微带绿，与边材区别略明显，有光泽，新切面有香味，纹理直至波状，结构细而匀，材质甚重，干缩大，强度高，气干略有内裂，端裂，翘曲，耐腐，抗蚁性强。气干密度>0.97g/cm^3。干燥可能开裂，变形，耐腐中等	较好	圭亚那、苏里南、委内瑞拉、巴西等	
68	风车玉蕊	*Combretodendron* spp. *C. macrocarpum*	Essia，Abale，Abin，Abing，Wulo	心材红褐色，具深浅相间条纹，与边材区别略明显。纹理直或斜，结构略粗，质硬。气干密度 0.8～0.87g/cm^3。变形大，耐腐	一般	加纳、科特迪瓦、尼日利亚、刚果（布）等	
69	纤皮玉蕊	*Couratari* spp. *C. oblongifolia C. guianensis C. multiflora*	Tauari	心材浅黄白色，与边材界限不明显，有光泽，纹理直，结构甚细而匀，干缩中等，重量及强度中，干燥性良好。气干密度约 0.59g/cm^3。干燥快，开裂，变形小，耐腐性差，加工易，胶粘性好	较好	圭亚那、苏里南、巴西等	藤香木、陶阿里、南美柚、玉蕊
70	木莲	*Manglietia* spp. *M. fordiana M. glauca*	Chempaka，Vang tam，Mo-vang-tam	心材黄绿色，与边材区别明显，光泽强，纹理直，结构细而匀，材质轻，硬度及强度中。气干密度 0.45～63g/cm^3。稍耐腐，稍抗虫，加工易，刨面光滑，油漆后光泽性良好，胶粘易	一般	印度尼西亚、泰国、越南、马来西亚等	白楠、黄楠、白象牙
71	白兰	*Michelia* spp. *M. champaca M. montana*	Champa，champaka，Safan，Su，Tjempaka	心材浅褐色带绿，与边材区别明显，有光泽，结构细而匀，重量中至轻。气干密度约0.6g/cm^3。干燥稍慢	较好	越南、缅甸、泰国、马来西亚、印度尼西亚等	

续表

序号	木材名称	树种名称		材色、特点及密度	评价	主要产地	市场名、误导名
		树种拉丁名	国外商品材名称				
72	米兰	*Aglaia* spp. *A. argentea A. gigantea*	Aglaia，Goitia，Pasak	心材红褐色，边材色浅。气干密度 0.72～0.96g/cm³	较好	东南亚、巴布亚新几内亚	米籽兰
73	洋椿	*Cedrela* spp. *C. fissilis C. odorata*	Cedro，Cigarbox cedar，Central American cedar，South American cedar	心材粉红至暗红褐色，与边材区别明显，木材具香气，略具光泽，纹理直，结构略粗，均匀，径切面可见木射线，斑纹，材质轻，干缩小至中，强度弱至中。气干密度 0.45～0.57g/cm³。干燥易，可能有端裂，加工易	一般	南美洲、中美洲及西印度群岛。现在许多热带国家引种	幻影木、沙比利
74	非洲楝	*Entandrophragma* spp. *E. angolense E. congoense*	Tiama，Gedu nohor，Mukusu，Kiluka	心材粉红至红褐色，与边材区别明显，有光泽，纹理交错，结构细而匀，重量中等，干缩大，强度中等。气干密度 0.56～0.63g/cm³。干燥易，有时有轻微翘曲，边材易受虫害	较差	加纳、尼日利亚、乌干达等	
75	筒状非洲楝	*Entandrophragma* spp. *E. cylindricum*	Sapele，Aboudikro，Sapelli Mahagoni	心材红褐，径切面具深色条纹，与边材区别明显，有光泽，新切面有雪松气味，纹理交错，径切面有黑色条纹，花纹，结构细至中，均匀，重量中等，干缩大，强度高。气干密度 0.61～0.67g/cm³。干燥快，耐腐中等	较好	西非、中非及东非	沙比利、幻影木
76	卡雅楝	*Khaya* spp. *K. anthotheca K. ivorensis*	Acajou，Krala，Acajou dAfrique，African mahogany	心材粉红至浅红褐色，与边材区别明显，有光泽，纹理交错，结构细至中等，均匀，木材轻至中等，干缩甚小，强度中等。气干密度 0.51～0.64g/cm³。干燥易，注意变形，耐腐中等，易受虫害	较好	西非和中非地区	
77	虎斑楝	*Lovoa* spp. *L. brownii L. trichilioides*	Dibetou，Tigerwood，Africanwalnut，Uganda walnut	心材金褐色，边材浅黄色。光泽强，纹理交错，结构细而匀，重量中等，干缩小至中，强度中等。气干密度 0.51～0.57g/cm³。干燥迅速，有时产生轻微心裂或变形，耐腐中等，易受虫害	较好	加蓬、加纳、尼日利亚、喀麦隆、刚果（金）、乌干达等	

续表

序号	木材名称	树种名称		材色、特点及密度	评价	主要产地	市场名、误导名
		树种拉丁名	国外商品材名称				
78	桃花心木	*Swietenia* spp. *S. macrophylla S. mahagoni S. humilis*	Mahogany，Mogno	心材红褐色，与边材区别明显，光泽强，纹理直至略交错，重量中等，干缩甚小，强度低。气干密度约0.64g/cm³。干燥快，尺寸稳定，耐腐，加工易，刨面光滑，胶粘性良好，油漆性能佳	好	中美洲、南美洲及西印度群岛。东南亚地区有引种	
79	非洲相思	*Acacia* spp. *A. galpinii A. sieberiana*	South African wattle，African rosewood	心材褐色至红褐色，边材白色或浅黄色，有光泽，结构细而匀，木材重，干缩大，强度高。气干密度0.65～0.8g/cm³。颇耐腐，抗虫蚁，易受菌害而蓝变，有粘锯现象	一般	南非、尼日利亚、刚果（金）等	
80	硬合欢	*Albizia* spp. *A. lebbek A. odoratissima A. procera*	Black siris，Kang，White sifts，Brown albizia，Kokko，Sit thit magyi	心材黑褐色，与边材区别明显。气干密度0.68～0.82g/cm³	较好	泰国、缅甸、印度尼西亚、巴布亚新几内亚	
81	阿那豆	*Anadenanthera* spp. *A. macrocarpa*	Curupy，Cebil，Angico preto	心材浅褐至红褐色，常带黑色带状条纹，木材具光泽，无味，纹理不规则结构细，均匀，木材重量甚重，干缩大至甚大，强度高，气干密度>1.0g/cm³。干燥慢，几无开翘，耐腐性强，加工困难	较好	巴西、阿根廷、巴拉圭等	落腺豆、黑檀、黑金檀
82	亚马孙豆	*Cedrelinga catenaeformis*	Tornillo，Cedrorana，Achapo	心材浅黄色带粉红，与边材界限不明显，具金色光泽，无味，新切面有难闻气味，纹理直至略交错，结构略粗而均匀，木材重量轻至中，强度中。气干密度0.51～0.66g/cm³。干燥性好，略开裂，变形，耐腐性中，抗蚁差，加工易，胶粘性好，耐候性佳	较好	秘鲁、巴西、哥伦比亚等	金玉檀
83	圆盘豆	*Cylicodiscus* spp. *C. gabunensis*	Okan，Buemon，Denya，Edum	心材金黄褐色至红褐色，具带状条纹，与边材区别明显，木材重硬，纹理交错均匀，有光泽。气干密度>1.0g/cm³。耐腐耐磨	一般	尼日利亚、加纳、加蓬、刚果（布）等	鸡翅、奥卡

续表

序号	木材名称	树种名称		材色、特点及密度	评价	主要产地	市场名、误导名
		树种拉丁名	国外商品材名称				
84	腺瘤豆	*Piptadeniastrum* spp. *P. africanum*	Dabema, Dahoma, Ekhimi, Toum, Kabari, Singa	心材金黄褐色，边材白色，受潮有难闻气味，结构粗。气干密度约 0.7g/cm³。易变形，开裂，易腐蚀	较差	热带非洲	柚木、金玉檀
85	木荚豆	*Xylia* spp. *X. xylocarpa*（*X. dolabriformis*）	Pyinkado, Cam xe, Deng, Sokram	心材红褐色，具带状条纹，与边材区别明显，纹理均匀，油性。气干密度 1.0～1.18g/cm³。性能稳定，油漆性能好	好	印度、泰国、缅甸、柬埔寨、越南等	金车花梨、花梨、品卡多、金车木
86	乳桑木	*Bagassa* spp. *B. guianensis*（*B. tiliaefolia*）	Tatajuba, Cow wood, Bagasse	心材黄色，久则呈暗褐色；边材乳白色。光泽强，无味，纹理直或斜，结构细而匀，木材重，干缩小至中，强度高。气干密度约 0.8g/cm³。干燥较慢，心材耐久，握钉力强，尺寸稳定性及弹性佳	一般	巴西、圭亚那、苏里南等	金楠、金玉兰、南美玉桂木
87	红饱食桑	*Brosimum* spp. *B. rubescens*（*B. paraense B. lanciferum*）	Satine, Muirapiranga, Dukaliballi	心材深红或浅红褐色，与边材区别明显，具光泽，无味，纹理交错，结构略粗，木材重，干缩大，强度大。气干密度＞1.0g/cm³。干燥慢，有开裂，瓦状翘，扭曲和表面硬化，耐腐性好，加工困难	较好	巴西、苏里南、圭亚那等	
88	黄饱食桑	*Brosimum* spp. *B. alicastrum*	Capomo, Janita, Ojoche	心材浅黄色，与边材界限不明显，具光泽，无味，纹理直或略斜，结构细均匀，木材重，干缩大，强度强。气干密度 0.8g/cm³。干燥较易，有扭曲倾向，耐腐性差，加工略困难，胶合性抛光性好	一般	墨西哥、中美洲及西印度群岛等	
89	绿柄桑	*Chlorophora* spp. *C. excelsa C. regia*	Iroko, Kambala, Oroko	心材黄褐至深褐色，与边材区别略明显，干缩小，强度硬度大。气干密度 0.62～0.72g/cm³。尺寸稳定性好，耐腐耐磨，涂饰性好	较好	热带非洲	黄金木、依洛克
90	卷花桑	*Helicostylis* spp. *H. tomentosa*	Leche perra, Jaquinha	心材深褐色，有时具深浅相间带状条纹，与边材区别明显，边材金黄色。气干密度 0.83～0.93g/cm³		巴西、哥伦比亚、秘鲁、圭亚那等	

续表

序号	木材名称	树种名称		材色、特点及密度	评价	主要产地	市场名、误导名
		树种拉丁名	国外商品材名称				
91	肉豆蔻	*Myristica* spp，*M. cinnamomea M. gigantea M. lowiana*	Mendarahan，Rahan，Penarahan	心材浅黄褐色，与边材区别不明显，油性，易变色，软，纹理直。气干密度 0.48～0.69g/cm³。加工易，不易做地板	一般	印度尼西亚、泰国、马来西亚等	
92	非洲肉豆蔻	*Staudtia* spp. *S. stipitata S. kamerunensis*	Niove，M'bonda，M'boun，Oropa	心材红褐色或黄褐色，具深色条纹，与边材区别不明显，油性，结构很细，辛辣味，质硬，强度高，黄褐色。气干密度约 0.9g/cm³。耐磨耐腐	一般	加蓬、刚果（金）、刚果（布）、喀麦隆、安哥拉等	
93	白桉	*Eucalyptus* spp. *E. citriodora E. maculata*	Spotted gum	心材灰黄，浅褐或灰褐色，边材近白色，主为径列复管孔，木材具光泽，无特殊气味，纹理交错，结构细而匀，木材重量重，质硬，干缩中，强度高。气干密度 1.03g/cm³。木材有较高的韧性，耐腐，抗蚁性能好，握钉性能良好		澳大利亚	
94	赤桉	*Eucalyptus* spp. *E. cam-aldulensis*	Red river gum，Red gum	心材红褐色从边材到心材渐变，管孔肉眼可见，单管孔，之字形排列。气干密度约 0.83g/cm³	一般	澳大利亚	澳大利亚红木、橡木、佳瑞红木
95	铁桉	*Eucalyptus* spp. *E. crebra E. drepanophylla E. paniculata E. siderophyloia E. sideroxylon*	Ironbark，Red ironbark，Grey Ironbark	心材从红褐到深褐或巧克力色，与边材区别明显。气干密度约 1.12g/cm³	较好	澳大利亚	
96	铁心木	*Metrosideros* spp. *M. petiolata M. vera*	Lara	心材紫红或巧克力色，边材灰褐，光泽强，无味，纹理交错，结构甚细，均匀，木材甚重，强度及硬度很高。气干密度>1.0g/cm³。很耐腐	较好	印度尼西亚等	
97	蒲桃	*Syzygium* spp. *S. bu-ettnerianum*	Water gum	心材褐色至红褐色，边材色浅，光泽弱，结构细而匀，硬重，强度高。气干密度 0.68～0.75g/cm³。耐腐，饰面胶合性能好	较好	巴布亚新几内亚等	玛瑙木

续表

序号	木材名称	树种名称		材色、特点及密度	评价	主要产地	市场名、误导名
		树种拉丁名	国外商品材名称				
98	红铁木	*Lophira* spp. *L. alata*	Azobe，Ekki，Red ironwood	心材红褐色至暗褐色，与边材区别明显，管孔常含白色沉积物，纹理交错，结构粗。气干密度＞1.0g/cm^3。硬度大，易开裂	较差	西非至中非地区	铁柚木、金丝红檀、乌金檀
99	蒜果木	*Scorodocarpus borneensis*	Kulim	心材紫褐色，与边材区别不明显，光泽弱，无味，纹理斜至交错，结构细而匀，木材重，干缩小，强度中至高。气干密度约0.82g/cm^3。干燥稍快，干燥性能良好，耐腐，抗蚁性中等	较好	东南亚	黑檀、紫金檀、乌金檀
100	白蜡木	*Fraxinus* spp. *F. americana F. excelsior*	Ash，American ash，European Ash	心材浅黄至浅黄褐色，边材色浅。气干密度0.6～0.72g/cm^3	较好	北美洲及欧洲	
101	银桦	*Grevillea* spp. *G. glauca G. papuana*	Silky oak	心材浅红褐色，边材色浅。气干密度约0.68g/cm^3	一般	巴布亚新几内亚、澳大利亚等	
102	小红树	*Anopyxis* spp. *A. klaineana*	Bodioa，Koketi，Abari，Noudougou，Evam，Weny	心材红褐色，与边材区别不明显，纹理直，均匀细致，硬，强度大。气干密度约0.88g/cm^3。光泽好，以加工，耐磨，胶合性能好	较好	热带非洲	黄金木、黄花梨、非洲金檀、阔阔提
103	木榄	*Bruguiera* spp. *B. gymnorrhiza B. parviflora*	Bakau，Burma mangrove，Black mangrove	心材浅红至红褐色，常具白色沉积物，边材浅红色，与边材区别不明显，木材具光泽，无特殊气味，纹理直，结构细而匀，木材重至甚重，干缩中，强度高至甚高。气干密度0.82～1.08g/cm^3。不易干燥，耐久性能中等，防腐处理容易，加工比较困难		印度尼西亚、马来西亚、巴布亚新几内亚等	
104	风车果	*Combretocarpus rotundatus*	Perepat darat，Keruntum	心材红褐色，边材近白色。有光泽，结构略粗，硬，强度适中，木材具光泽，无特殊气味，纹理直或略斜，结构中至粗，略均匀，木材重量中至重，干缩小，强度中。气干密度0.64～0.80g/cm^3。干燥稍慢，耐腐，刨面良好，缺陷少		印度尼西亚、马来西亚	虎皮木

续表

序号	木材名称	树种名称		材色、特点及密度	评价	主要产地	市场名、误导名
		树种拉丁名	国外商品材名称				
105	樱桃木	*Prunus* spp. *P. avium P. serotina P. spinoza*	Black cherry，American Cherry，European cherry，Wild cherry，Sweetcherry，Backthorn sloe	心材红褐色，边材色浅，纹理直，结构细而匀，重量、强度适中，高档木材。气干密度约0.58g/cm^3。易加工	较好	北美洲、欧洲、亚洲西部及地中海地区	
106	帽柱木	*Mitragyna* spp. *M. ciliata M. stipulosa M. rotundifolia*	Abura，Binga，Bahia	心材浅黄至黄褐色，与边材区分不明显。气干密度约0.56g/cm^3		1～2种产非洲，后1种产东南亚	
107	重黄胆木	*Nauclea* spp. *N. diderrichii*	Bilinga，Opepe，Badi	心材深黄色，与边材区别明显，结构细致，干缩大。气干密度0.67～0.78g/cm^3。易加工，耐腐	一般	西非至中非地区	金梨木、红影木
108	巴福芸香	*Balfourodendron riedelianum*	Pau marfim，Guntambu，Ivorywood	心材浅黄白色，与边材区别不明显。气干密度约0.8g/cm^3	一般	巴西、巴拉圭、阿根廷北部	象牙木、象牙白
109	良木芸香	*Euxylophora paraensis*	Pau Amarelo	心材柠檬黄色，久则呈浅黄褐，与边材区别不明显，光泽强，无味，纹理直，交错或不规则，结构细均匀，木材重，干缩大，强度中至大。气干密度0.81g/cm^3。干燥较容易，开裂性大，扭曲性小，加工，胶粘性好，易染色	一般	南美亚马孙、巴西	
110	软崖椒	*Fagara* spp. *F. heitzii*	Olon，Olon tendre，Kamasumu	心材浅黄色，与边材区别不明显，有光泽，有香甜气味，结构细而匀，轻软。气干密度0.51～0.56g/cm^3	较好	加蓬、刚果（布）、刚果（金）、加纳、赤道几内亚等	红梅嘎

续表

序号	木材名称	树种名称		材色、特点及密度	评价	主要产地	市场名、误导名
		树种拉丁名	国外商品材名称				
111	硬崖椒	*Fagara* spp. *F. macrophylla*	East African satinwood, Olonvogo, Olon dur, Munyenye	心材黄色或红褐色，与边材区别不明显，结构细而匀，木材重，干缩中，强度高。气干密度＞0.95g/cm³。有韧性，难加工，不耐腐，抛光、胶粘性能好		加蓬、乌干达、安哥拉、塞拉利昂等	
112	番龙眼	*Pometia* spp. *P. alnifolia P. pinnata P. tomentosa*	Kasai, Taun	心材红褐色，与边材区别不明显，具金色光泽，结构细而匀，硬度强度中等。气干密度 0.6～0.74g/cm³。易加工，易翘曲和皱缩	一般	东南亚及巴布亚新几内亚等	红梅嘎
113	比蒂山榄	*Madhuca* spp. *M. util isPalaquium* spp. *P. ridleyi P. stell-atum*	Bitis, Betis, Masang	心材紫红褐或灰紫褐色，心边材区别不明显至略明显，强度、硬度大，纹理细致均匀。气干密度0.82～1.20g/cm³。耐腐	较差	东南亚地区	古美柚木、红檀、子京、马都卡、思美娜、樱檀
114	铁线子	*Manilkara* spp. *M. bidentata M. huberi M. surinamensis M. kauki M. fasciculata*	Macaranduba, Kating, Sawokecik	心材深红褐至浅紫色与边材区别略明显，具光泽，无味，纹理直至略交错，结构甚细，均匀，甚重，甚硬，强度甚高。气干密度 0.9～1.1g/cm³。干燥难，常产生端裂和面裂，非常耐腐	较差	第1～3种产南美洲；4～5种产东南亚地区	红檀、南美樱木、樱檀
115	纳托山榄	*Palaquium* spp. *P. burckii P. gutta P. obovatum P. rostratumPayena* spp. *P. lanceolata P. lucida*	Nyatoh	心材红褐色，与边材区别通常明显。气干密度多为 0.56～0.77g/cm³	差	印度尼西亚、马来西亚	铁心木、花酸枝
116	黄山榄	*Planchonella* spp. *P. pachycarpa*	Goiabao	心材浅黄色，与边材区别不明显，光泽明显，无味，纹理直，部分交错，结构细，甚细，均匀，木材重，干缩大，强度高。气干密度约 0.91g/cm³。干燥需小心，扭曲较大，略开裂，耐腐性差，胶合性好	较差	巴西等地	黄檀、南美金檀木、黄金檀
117	桃榄	*Pouteria* spp *P. guianensis*	Asepoko, Jan snijder, Caimito, Abiurana	心材红褐色，有时具带状条纹或火焰状花纹，边材黄褐色。气干密度约 1.17g/cm³		圭亚那、苏里南、巴西、委内瑞拉、哥伦比亚等	

续表

序号	木材名称	树种名称		材色、特点及密度	评价	主要产地	市场名、误导名
		树种拉丁名	国外商品材名称				
118	猴子果	*Tieghemella* spp. *T. africana T. heckelii*	Douka，Makore	心材浅褐至深褐色，与边材区别略明显，光泽强，纹理直细致均匀，硬度重量中等，强度高。气干密度约 0.7g/cm³。耐腐蚀，缺陷少	一般	东非至西非地区	圣桃木
119	船形木	*Scaphium* spp. *S. longifiorum S. macropodum*	Samrong，Kembang Semangkok	心材灰黄色到浅褐色，与边材区别不明显，光泽较强，无味，纹理直至略交错，结构略粗，不均匀，重量中，干缩小，强度中至略高。气干密度约 0.71g/cm³。干燥快，耐腐中等	较好	印度尼西亚、马来西亚、泰国	
120	黄苹婆	*Sterculia* spp. *S. oblonga*	Yellow Sterculia，Eyong，N'chong	心材黄白至淡黄褐色，与边材区别略明显，具光泽，具辛辣气味，无特殊气味，纹理斜，结构粗，略均匀，重量中，质软，强度甚低至低，易变色。气干密度 0.69～0.78g/cm³。干燥不难，不耐腐，加工性能好，握钉力弱，结构均匀	较好	中非至西非地区	
121	四籽木	*Tetramerista* spp. *T. glabra*	Punak，Punah	心材黄褐色带粉红色条纹，有蜡质感，与边材界限不明显，具有光泽，生材有难闻气味，干后无味，纹理直至略斜，木材重，干缩甚大，强度中至高。气干密度 0.78g/cm³。耐腐，锯刨易，但切面要砂光，握钉力良好。	较好	马来西亚、印度尼西亚	富贵木、普纳
122	荷木	*Schima* spp. *S. wallichii*	Samak	心材红色至红褐色，边材近白色，边材到心材材色渐变，有光泽，无味，纹理斜，结构甚细，均匀，重量及硬度中等，干缩大，强度中。气干密度约0.71g/cm³。干燥较难，易开裂和翘曲，耐腐弱，锯易，刨切困难，刨切光滑，油漆胶黏性佳	较好	泰国、缅甸、马来西亚、印度尼西亚	木荷

续表

序号	木材名称	树种名称		材色、特点及密度	评价	主要产地	市场名、误导名
		树种拉丁名	国外商品材名称				
123	朴木	*Celtis* spp. *C. adolfi friederici C. zenkeri C. luzonica C. philippinensis*	African Celtis，Esa，Magabuyo	木材的结构为散孔材，心材淡黄色或灰白色，与边材区别不明显，光泽强，纹理直或波状，结构中，略均匀，重量及强度中等，抗虫蛀中等。气干密度 0.58～0.76g/cm^3。加工易，刨面光滑	较好	第1～2种产非洲，3～4种产东南亚	
124	榆木	*Ulmus* spp. *U. glabra U. laevis U. procera U. Thomasii*	Elm，Wych elm，Russian white elm，English elm，Rock elm	心材浅褐色，边材色浅。气干密度 0.58～0.78g/cm^3	较好	北美洲、欧洲、亚洲	
125	榉木	*Zelkova* spp. *Z. carpinifolia Z. serrata Z. schneideriana*	Azad，Zelkova	心材浅栗褐色，与边材区别较明显。气干密度约 0.79g/cm^3	较好	伊朗、日本等	红榉、黄榉
126	柚木	*Tectona* spp. *T. grandis*	Teak，Jati	心材黄褐色，具油性感，与边材区别明显，有光泽，纹理直或略交错，重量中，干缩小，强度低至中。气干密度 0.58～0.67g/cm^3。干燥性能良好，尺寸稳定，耐腐，锯刨较易，胶黏，油漆，上蜡性能良好，握钉力佳	好	泰国、印度尼西亚等	胭脂木
127	维腊木	*Bulnesia* spp. *B. arborea*	Verawood，Vera	心材褐色至暗褐色，边材色浅。气干密度常＞1.0g/cm^3	较好	委内瑞拉、智利、墨西哥等	玉檀香
128	愈疮木	*Guaiacum* spp. *G. officinale G. sanctum*	Lignum vitae	心材深橄榄褐色，与边材区别明显，边材浅黄色。气干密度约 1.25g/cm^3		北美洲、中美洲、西印度群岛等	

附录19　老骥伏枥 志在千里 古道热肠 鞠躬尽瘁

——记中国木地板行业拓荒者高志华教授

一、历史的回顾

今天，在华夏大地的600余座城市中，要找出一座没有大型地板专销市场的城市恐怕是不可能的。同样，今天在千千万万乔迁新居的普通中国城市居民当中，要找出哪一户没有打算铺装木地板的，恐怕也很困难了。

然而，假如我们把历史发展的时针稍稍向后拨一拨，拨回20年前，那么，我们就会发现：地板这种在现在看来已是极其普通平常的家居铺地材料，对当时的8亿中国人来说简直就是高不可攀的奢侈品。为数不多见过木地板的人，当时也只能在比较高级的音乐厅、剧院中，在铺装了竖条拼花地板的地面上走过而已。

假如当年曾经有人大胆梦想过自己未来的理想家居，恐怕他也不会想到将来的某一天，会在自己的家中铺上自然温馨、冬暖夏凉、脚感舒适、高贵典雅的实木地板。因为梦境毕竟是现实生活在心灵中的折射。可以毫不夸张地说，20多年前的几百座中国大中城市仍是一片木地板行业的荒原，普通市民连摆放桌椅、沙发的地方都找不到，谁还敢去做铺设地板的“黄粱美梦”？

曾几何时，在短短的不到20年的时间里，中国的木地板企业就如春江的潮水，一个浪头接着一个浪头涌向了世界上最大的木地板消费市场；就如雨后的春笋，一节高过一节地迅猛发展起来。最多时全国仅生产木地板的企业就多达5000余家，遍布东北、西北、西南、华南和东南各省市。经过市场竞争，优胜劣汰，到2008年也还有2000多家。2008年实木地板年销量可达5000万平方米，强化地板年销量约2亿平方米，三层和多层实木复合地板年销量约8000万平方米，竹地板约2800万平方米。

当时消费者只要一走进建材城、建材超市，琳琅满目且颇具张扬个性的地板品牌就会扑面而来：如：大自然、融汇、安信、森王、森林王、龙王、虎王、天王、醒狮、蓝豹、公牛、颈牛、圣象、吉象、海象、神象、金象、大老虎、金丝猴、长尾猴、巨嘴鸟、天堂鸟和无敌金刚等。只有在改革开放的时代，这些大自然的精灵才能充满活力地走进寻常百姓家里。

这些企业在短短的20年内，就在中华大地上先后打造了几个颇具规模的地板加工基地，在世界上也形成了相当具有竞争力的木地板生产大军，比如吉林的敦化、辽宁的抚顺；四川、云南；广东的中山、深圳、东莞；上海和江浙沪之交的南浔；江苏的常州等。目前我国的木地板行业早已走过了那无序混乱的拓荒期，如今已经成立了中国木材流通协会木地板流通专业委员会，在政府与企业之间搭起了沟通的桥梁，在企业与企业之间建立了合作与协调的机制，在经营者与消费者之间设立了对话的平台，制定了各种科学规范的国家标准和行业标准，还联合团结各企业开展各种利国利民的活动。

正是由于各方面的协调与合作，我国的某些地板产品早已走出国门，打人国际市场，如“三层实木地板70%的产品出口欧美等国，竹木地板在欧美及东南亚受到广泛欢迎……”。我国的许多“地板的外观质量已达到国际先进水平，产销总量也已跃居世界龙头老大的位置”。

在我们对我国木地板行业蓬勃兴起的历史进行这番简短的回顾时，我们不能不想到一位曾经为这个行业的发展做出了重要贡献的人：中国木材流通协会木地板流通专业委员会常务副会长、北京林业大学教授高志华先生。

在中国木地板行业几乎是从零起点开始，然后迅速腾飞的过程中，高教授始终是一位披荆斩棘的探路人，为这个行业奉献了自己渊博扎实的专业知识、敏锐的观察力、古道的热肠，为行业的发展甘当铺路建桥的开路先锋，因此赢得了与木地板行业有关的各界人士由衷的敬重。

二、创办企业

最近在一次谈话中，高教授微笑着回忆起 1984 年中国的木地板市场：那时由于“十年动乱”已经结束，邓小平先生率领全国人民奔向小康社会，普通百姓的生活理念都发生了实质性的变化，人们开始大胆地在家居生活中追求舒适与美感的享受。于是那时就出现了“室内装修”这一新生事物，然而地面的装修还是以塑料地板革、化纤地毯、瓷砖等为主。有一次高教授来到上海的凤城路，在 400 多米长的市场街上，看到的大多是一些马赛克地板，而且各种材种混装在一起，1 平方米一捆，用绳子捆着卖。面对这种近乎原始的粗放式的行业状况，高教授思考了很多。

作为南京林业大学 60 年代毕业的研究生，高教授在多年的教学生涯中积累了丰富的木材专业知识，他有感于“中关村科技一条街”的兴起，深深感到有必要把林业科学知识转化为生产力，于是就在《中国林业报》上发表文章倡议创办“林业科技一条街”。

此议一出，立即得到林业界人士的热烈回应，东北、西北的几大林区都派人前来洽谈。吉林省伊春市市长还亲自率队前来北京，一举投资 100 万元，与北京林业大学联合成立了京伊林业技术公司，高教授出任总经理。他首先致力于研究木材综合利用技术。经他研究的多项木材综合利用技术，如利用枝桠材和小径材加工制作拼花木地板技术和有限单元法，均投入了实际生产，其中有的项目还获得了国家和林业部科技成果奖。他还发明了积木生产法，以锯代刨，另外，他还将立式铣床引入了木地板的生产线，这样进行生产投资少，精度高，而且安全，他们的产品在兰州还获了奖。

他带领全体员工率先在国内开发利用林区生产中的废弃材料，利用大量被当做柴火烧掉的木料生产出漂亮的家用实木地板，这引起了全国各地林区企业的关注。于是高教授就跑遍了大江南北的各个林区，无私地推广这项技术，先后在吉林、广西、天津和北京等地建立了 32 家实木地板加工厂，而且条件极为优惠：免费帮助建厂，产品包销。很快这家公司就被列为全国 200 强厂家之一，他们也积累了丰厚的资产。

在建厂经营的过程中，高教授又从市场的实际经济运作中汲取了各种有用的知识和经验。于是，一时间高教授成了当时的新闻人物，中央电视台《为您服务》栏目曾邀请他做了专题节目，为广大观众介绍挑选、铺装和养护实木地板的知识，使普通百姓对木地板有了更为理性的认识。

高教授属于那种追求完美，做任何事情都非常投入的人。一位执教多年的大学教授，一旦转换了角色，“下海从商”了，就要真的在兹念兹。他不无感慨地描述了自己在商海中实战的一幕幕往事。

为了建干燥窑，高教授与工人们一起顶着烈日、冒着酷暑干起了泥水活，为了推销产品，自己动手刻印小广告，骑着自行车到处张贴散发（在 20 年前，这是不受禁止的），为了实际掌握木地板铺装技术，他还亲自与铺装工人一起走进各个装修点，蹲下来一块一块地认真铺装，刨木地板，刷油漆（当年的木地板大多是素面板），样样都要“亲口尝尝梨子”的味道。

这些看起来似乎是简单的体力劳动，对他来说却绝不是一种政治时髦或体验生活，这也是一种学习，而且是富有创造性的学习，正是因为有了这样的经历，后来才有了高教授总结出来的实木地板铺装《256字诀》。这些口诀多年以来已经印在千千万万张的地板广告上：“地板质量是基础，铺装条件是根本，科学施工是关键，正常维护是保证。”“地板选购要领，地板铺设要领，地板科学保养……”。这些已经被众多的木地板专业书籍所引用，许多有资质的专业施工队都把这些铺装技术的结晶奉为圭臬。

正是因为他的细心观察、领悟与反思，他才以《国家实木地板标准》制定小组专家组组长的身份参与制定了我国第一部木地板行业的国家标准。此外，他还参与制定了铺设标准、保修标准，体育场馆地板标准，从而使这一新生的行业迈出了成熟的第一步。

三、狮象大战

地板行业的业内人士都不会忘记1998年那场被称为“中国商界世纪末大诉讼”的狮象大战。中美合资企业深圳森林王公司（其产品商标为雄狮）总投资1.5亿元人民币，是当时国内最大的实木地板企业。1998年年初，该公司在深圳、上海和北京等地各大媒体上发动了一场“史无前例”的广告战，其作战目标就是当时正在热销中的强化地板。

这些广告把强化地板都贬低为“工业垃圾”，说它们“危害人类健康”，“能够给人带来不育症、肿瘤、癌症等疾病”，这家公司为了“告诉消费者一个真相”，简直必欲置对方于死地而后快。

首当其冲的是四川乐山的吉象人造林制品有限公司，各地生产和营销强化地板的企业也都拍案而起，决心与来势汹汹的“森林王”决一雌雄。在全国务大媒体的热情关注下，双方最后对簿公堂。高教授当时在地板行业内已是众望所归的专家，于是与十几位教授专家一同受到邀请，前去发表意见，做出评价，高教授还作为专家证人出庭参加了这场在全国各地电视台现场直播的“世纪末大诉讼”。由于高教授有科学依据、公正合理、不偏不倚的证据，这场官司以双方都能接受的判决而尘埃落定。

面对这场两个“森林巨兽”的大战，高教授陷入了沉思。这场大战的深层次原因和背景何在？他深切地感到木地板行业再也不能进行这样无序的竞争了，由于中国的建筑装饰市场的巨额利润（1998年全国建筑装饰市场的产值高达1400亿元人民币，2000年达到2000亿元，而地面装修的产值占整个房屋装修的30%以上），中国的木地板行业应当有一个协调各方利益，进行市场引导和规范的民间机构：地板行业协会。

四、组建地板行业协会

当这场“狮象大战”的硝烟渐渐散去的时候，广大的地板生产厂家、营销者和消费者经过协商于1998年11月28日在北京成立了第一个地板行业协会。

据统计，目前我国在工商领域共有362个全国性的行业协会，但大多数协会的领导班子都是由原政府机关精简下来的官员组成，完全由企业家和专家学者组成的只占20%，而且真正办得有特色、有成效的也只占不到10%。

由高教授出任常务副会长的中国木材流通协会木地板流通专业委员会就是一个具有强大生命力的协会，许多地板生产厂家、营销者和消费者都把这个协会当作了自己的“娘家”和“靠山”，因为自协会成立以来，他们就切实地为这三方办了许许多多的实事、好事，而有些事情是政府管不了，管不好，也不愿意管的。

这个协会一直在发挥着在企业与政府之间进行沟通的作用，他们先后起草制定了《木地板铺设技术与质量检测》和《木地板保修期内面层验收规范》，还举办各种培训班，积极推广《实木地板技术条件》、《实木地板检验和实验方法》、《人造板及其制品中甲醛释放量标准》。1999 年，高教授还对 66 种树种的名称进行了科学界定和规范，大大地净化了当时的木地板市场。那时许多商家利用消费者对国外树种名称的不了解，就为自己的木地板起了各种各样动人的名称，比如：金不换、白象牙、玛瑙木、孔雀木、虎皮木、富贵木、柚木王、紫金刚、黄檀、红檀、紫檀和龙凤檀等，令人眼花缭乱，而实际上这些木材往往就是一些普通的树种，消费者上当受骗者多矣。最近高教授还对 128 种中国市场常见进口材地板木材的名称进行了厘定，通过地板流通委员会已向全国颁布，从而加强了地板行业的自律和规范，也为消费者维护合法权益提供了有力的科学依据。

地板协会能够同时赢得商家和消费者的信赖，听起来似乎有些矛盾和不现实。因为自古以来买卖双方就是一对“不解的冤家”，要想赢得对立的双方的满意，简直是天方夜谭。要想让商家称心如意，就要得罪消费者，而要让消费者笑逐颜开，就要让商家受委屈。

但是，在高教授这里这些矛盾化解得很自然，因为在处理任何一方的投诉时，他从来都不带倾向性，凡事都要讲究公理和公正。在涉足地板行业以来的 20 多年间，高教授不知不觉地还练就了一身“打官司”的好功夫，他先后出庭三次较大的地板诉讼，较小的也有 20 余起，而且都以胜诉告终。比较突出的一例就是高教授在 2002 年为北京森王地板公司总经理王幼令的所谓“地板欺诈案”打的平反官司。

当王总一筹莫展地找到地板行业的“娘家”——木地板协会时，北京市朝阳区人民法院已经判决森王欺诈败诉，而且北京的几家媒体也纷纷进行了报道，一切似乎都已成定案，但高教授在仔细分析了案情后，意味深长地说：“这场官司打输了，是打在‘森王’的身上，但痛在同行的心上，这不是一个‘森王’的问题，而是整个行业规范化的问题，我坚信这场官司不该输也不能输。”于是高教授协助森王进行上诉，经过法院的公开审理，北京市第二中级人民法院在 2002 年 12 月做出公正判决“撤销北京市朝阳区人民法院（2002）朝民初字第 1611 号民事判决”，从而使北京森王地板得以昭雪。

高教授为了真正维护广大消费的合法权益，还在北京和上海开设了消费者投诉站，设立 24 小时投诉电话（010—84806950），在各大媒体上开设了《高老师信箱》和《高教授信箱》；另外他们还建立了两个网站，邀请了 20 多位国家级的专家、教授免费为消费者进行木地板消费方面的咨询，这些专家学者涉及的专业包括：木材学、木材干燥、机械加工工艺、涂料、化学、刀具。如果有必要，高教授还会派出专业人员亲自赶到现场进行实地测定和分析，然后做出科学的分析判断。这不仅使许多投诉无门的消费者挽回了不必要的经济损失，更重要的是让他们找回了对地板市场的信心，使他们获得了一种消费的安全感，实际上这对合法的商家也是一种无形的支援。几年来，除了北京地区，他们还曾到过沈阳、锦州、上海、桂林、江苏、四川等省市，为大约数百名消费者驱散了忧愁，带去了欢乐。

近年来，地板协会还积极组织地板企业走出国门，开拓国际市场。多次组织知名地板企业家到美国、德国等地组团参加展览，使我国的地板行业登上了世界舞台。目前我国已经出现了多家中外合资的地板企业，如浙江南浔的世友木业有限公司、广东顺德盈彬木业有限公司和上海安信伟光地板有限公司等。另外，颇具中国特色的竹地板，在高老师和地板协会的扶助下已经在国际市场占据了举足轻重的地位，成为世界竹地板的领军主将。两年前，浙江的安吉县在高教授的奔走斡旋之下，已经由国家批准荣获《中国竹地板之都》的荣誉称号。

五、创立地板铺装工工种

高老师多年来一直提倡："三分地板，七分铺装"。他认为地板铺装工序是地板消费中最关键的一道工序。"地板只是半成品，就像布料不是成品服装、米面不是现成的糕点一样，只有经过有技术和有经验的工匠铺装才能合理地享用，否则再好的地板也不能收到理想的效果。反之，即使材料并不高贵，经过高级匠人的巧妙加工，也能产生很好的使用效果，就像一个高级裁缝，可以用很普通的布料做出一身非常得体的衣服一样。"

重视地板的铺装工序，一直是高老师极力加以提倡的理念，但是，无论是商家还是消费者，对此都没有予以应有的理解和关注。因此，尽管近年来我国地板行业的生产水平获得了突飞猛进的发展，但在使用过程中，却屡展出现质量投诉和消费纠纷。许多很名贵的实木地板铺装仅仅两三个月就出现了起拱、瓦片或离缝，人走在上面，则会发出"嘎嘎吱吱"的响声。高教授明确地指出，这大多数是由于铺装工人没有按照技术规程施工造成的。

俗话说三百六十行，行行出状元。但是，自新中国成立以来，我国还没有专业的地板铺装工这一工种。为了填补这一空白，高老师组织木地板协会在北京、上海、南京、无锡、昆明和浙江南浔等地开办了地板铺装工培训班。自2002年起，已经培养了500多名持证上岗的工人。这些工人原本都具有一定的木工技术基础，但对于地板铺装却是外行，经过严格培训，学员在社会和劳动保障部的工作人员的监考下，考试合格者就可以获得地板铺装工的合格工种证书。这是一个新兴的工种。

培训的内容包括材种识别、地板质量检验、铺装环境（如地面平整度、湿度等）检查、铺装方案确定、工序的实现、地板铺装验收标准以及向客户介绍合理正常维护地板的常识和售后服务等。虽然这类的培训班只是短期的，但其培训的课程却丝毫也不亚于正规的学校教材，比如，培训手册中光是实木地板的材种就列举了128种中国市场常见进口地板木材名称，分别介绍了它们的学名、曾用名和商家为误导（忽悠）消费者而杜撰的名称、特性等等。更重要的是，高老师将这一新兴的工种所应注意的各项事务都上升到理论的层面，编写了一本非常实用的铺装工手册，对学员进行理论与实际相结合的培训，而不是空谈理论或不着边际地卖弄学识。高老师为学员定了几条戒律："地面不干不铺，混合作业不铺，劣质辅料不铺，施工期过短不铺，要求绝对水平不铺。"讲解了各种铺装方法，如悬浮式、龙骨式和胶粘法等。

这种培训最为现实的一个范例就是在高老师和夫人杨美鑫教授的亲自指导下，在北京出现了一个专业的地板铺装公司：王强地板安装公司，经过他们铺装的地板既平整又牢固，脚感极为舒适，笔者家中84平方米的"迪克"牌黄花梨实木地板就是由他们铺装的。我目睹了两位师傅铺装的全过程，他们那种训练有素、仔细认真、有条理、有步骤的工作方法，生动地体现了高老师培训的结晶。将近四年来，家人和客人走在上面听不到任何响声，回到家中看着平展的地面实在是一种享受，许多客人对此钦羡不已。这家公司由于铺装技术过硬，手中的工程订单早已超过了他们的承载能力。

六、牢牢抓住营销环节

高老师还多次明确指出，地板行业中的营销环节也十分重要，我国每年的地板营销额高达350多亿元，有20多万人组成了一个庞大的营销网络。但是，从业人员却往往缺乏专业知识，这就造成了商家盲目促销、消费者盲目选购、马路游击队式的铺装队盲目铺装的混乱局面，结果纠纷不断。其实这里面真正缺乏的是营销人员的专业素质。

为此高老师潜心编写了：《实木地板营销工作手册》、《地板营业员工作手册》、《地板经销商工作手册》、《地板售后服务经理培训手册》、《多层实木地板营销手册》和《三层实木地板概况》等培训教材。这些教材既有地板行业的专业知识、标准和各种数据，又有营销策略，各种单据、表格和格言，最后还要进行考试，光是“木地板营销人员素质考核”的问题就有 128 道题，由此可见其严格认真的程度。

高老师认为这些培训的根本宗旨就是：“要帮助消费者明明白白地科学消费。”要指导消费者学会根据自身的条件、需求和能力科学地挑选地板、使用地板和维护地板，而不仅仅是为了推销自己的产品。

目前高老师正在积极投入的一个项目就是在各大建材市场设立：“电脑触摸式显示屏”，为广大消费者提供更直接、更便捷的指导。在他们设计的软件和网站信息中，将为消费者提供各种有用的资讯，如：地板木材种类、地板品牌、铺装方式、价格和样板铺装效果等。

总之，使地板营销从无序状态走向有序、走向规范化，使地板消费从盲目走向理性、走向科学和环保，一直是高老师的努力方向和心愿。

七、打造品牌：全国双 30 家双承诺联合舰队

面对这样一个充满活力的巨大市场，高教授在 2001 年又率先引导国内 100 多家知名的实木地板生产厂家经过自愿报名、质量评选、产品检测和评审等严格的手续选出了《全国 30 家实木地板质量和售后服务双承诺企业》和《全国 30 家多层实木质量和售后服务双承诺企业》，这些企业发表了《联合宣言》，并且以自己的真诚商业行为赢得了广大消费者、中国消费者协会、各地工商局和政府的信赖。现在这两个系列的 30 家企业在全国各地的大型建材市场都受到欢迎，能够加入 30 家几乎就得到了各大建材超市的免检证书。

然而为了防止名牌终身制，防止这些企业吃老本，高教授还“活学活用”了“吐垢纳新”这句话。由来自地板协会、企业代表和专家的 11 个人，每年都要对其中三分之一的企业进行淘汰，将市场经济的竞争意识引入到企业管理中来。他们的评选是根据企业每年的实际销售量、生产量、全国覆盖面、售后服务质量进行客观、公正的评选的，因此能够做到企业信服，消费者认可。同时每年还要进行不定期抽检，对企业进行有力的监督。

九年来，这一活动已经取得了良好的经济效益和显著的社会效益。2003 年 4 月 5 日，高教授就团结《全国双 30 家双承诺单位》发起了“取于自然、还于自然”的大型植树造林活动。这些以木材消耗为生的企业凭着自己的环保意识，慷慨捐赠 60 万元，而且这些全国知名的企业老总竟然能够放下繁忙的业务，齐聚到北京的八达岭长城参加植树活动。这一活动的本身就显示了中国新一代企业家的社会责任感，同时这也显示了高教授的人格感召力。这一弘扬环保精神的公益活动到目前已经坚持了六年，在北京房山、八达岭等地，每年种植树木，并雇请专人看护，使植树造林的活动真正发挥了实效，不至流于“作秀或走过场”。

八、充满正义感的学者

高教授不善于用言辞来宣扬自己的业绩和道德，但他的性格决定了他面对各种是非的时候，无法进行任何掩饰，尤其是面对一些大是大非的时候，人们就会看到一个透明、真实、充满正义感的学者。

在谈到市场上流行的各种“新概念”的木地板时，高教授就不止一次地说“不要怕得罪人（指一些存心误导消费者的商家），不能受他们的利益驱使”。多年来他就极力劝导消费者选购地板时：“宜短不宜长，宜窄不宜宽，色差不要太苛求”等，这样做既经济实惠又经久耐用，但商家赚钱的机会就少了。现在强化地板市场上出现了五大卖点：“绿芯、宽板、厚板、浮雕和锁扣”，许多商家以此来吸引消费者，高教授就表示了相反的意见，表示自己“始终要跑商家前面”，对木地板市场的动向做出科学的判断，不能让消费者受其误导。同时，面对一些过分挑剔、提出各种无理要求的消费者，高教授也同样是不怕得罪人的。有一位消费者购买了“富得利”牌木地板，铺设后走动时地板有响声，他就要求一点都不能有响声，要求拆掉换新板，高教授进行考察分析后，认为问题在于铺设时的龙骨不平，用原板重新铺设就可以解决问题，保证可以达到验收标准。但是用户坚决要求换新板，而且请一家报纸进行曝光，指责地板协会不保护消费者利益。时过几年了，高教授谈起这件事依然是义愤填膺，他说：“过去中华民族贫弱无力，遭受列强的侵略，假如以为今天我们强大了、富有了，就可以没有全球的环保意识，以为我有钱就可以任意滥用自然资源，就可以浪费和挥霍，那将是民族的悲哀!”

从他那高亢的声音中，我深深地感觉到了一种对大自然、对人类共同资源的珍惜与钟爱。

九、教授伉俪、琴瑟和谐

有人说，在中国地板行业，谁要是不知道高志华、高老师的名字，那他就不是一个真正干地板事业的人。高老师多年来为了地板行业奔走于大江南北、长城内外。确实，高老师为了地板行业奔波了多少里程，早已无法统计了。高老师非常喜爱南宋词人朱敦儒（字希真）写的一首《朝中措》：

“先生筇杖是生涯，
担月更挑花，
把住都无憎爱，
放行总是烟霞。
飘然携去，
旗亭问酒，
萧寺寻茶，
恰似黄鹂无定，
不知飞向谁家。”

高老师把这首词印到自己的名片上，可见爱好之深，因为从这位南宋筇杖漫游天涯、寄情山水的学者身上，可以清晰地看到高老师忙碌的身影。但是，在高老师的身旁，还有一位也是为了地板行业奔忙的教授，那就是他的夫人杨美鑫教授。杨美鑫教授1959年从南京林业大学木材机械加工系毕业后，与高教授一同来至北京林业大学执教。多年来，从“文化大革命”中带领30多名学生徒步走向井冈革命根据地，一直到共同携手创办地板协会，他们二人都为了地板行业的发展贡献了自己的学识和精力，也只有这样，他们才合作出版了许多地板行业的专著：《中国木地板实用指南》、《中国实木地板实用指南》、《中国强化地板实用指南》、《装饰地板实用图册》等，同时目前正经编著《中国木地板300问》专著。

高教授和杨教授夫妇二人的琴瑟和谐令许多人羡慕不已。确实，在他们的身上我不由得想了起我国古代一对相敬如宾的著名夫妻，那就是元代大书画法家赵孟和夫人管仲姬。这两位古人就是意趣相投，同心协力投入他们的诗、书、画的艺术天地中。有一次“工诗，善画竹，亦能小词”的夫人管仲姬画了一幅《渔父图》，题词曰：

“人生贵极是王侯，
浮利浮名不自由，
争得似，一扁舟，
弄月吟风归云休。”

赵孟頫看了以后，也颇有感触，也奋笔题词：

“渺渺烟波一叶舟，
西风木落五湖秋，
盟鸥鹭，傲王侯，
管甚鲈鱼不上钩。”

高教授的著述中不是也融入了杨教授的努力吗？就像两位古代大艺术家共同题写了那幅《渔父图》一样，他们的作品亦是我国木地板行业蓬勃发展的写照。

（中国日报　高级编辑　傅志强）

附录20　圣象集团大事记

1995年　圣象成立，将强化地板品类产品引进中国。

1999年　圣象产品获认为中国消费者协会推荐产品。

2000年　获99年全国市场同类产品销量第一名。

2001年　“圣象”被认定为2000年度北京市著名商标。

2002年　大亚集团成为圣象集团的投资方，成立圣象集团有限公司，总部迁至上海。

2003年　国家质量技术监督检验检检疫总局公布：圣象强化木地板在行业内首批成为“国家免检产品”。

2004年　圣象集团提出全球一体化产业链构思。

2006年　圣象集团实验室获得国家级实验室认可。

2007年　圣象集团第一亿平方米地板成功下线。

2008年　圣象步入室内标准门领域，建成70万套标准门现代化工厂。
圣象国际化战略全面发布，开始全球范围内产业布局，并确定横向贯通上下游，纵向打造全球一体化产业链的战略思路。
作为家居建材行业的唯一代表，圣象受邀参加在天津举办的夏季达沃斯年会。

2009年　圣象家居板块加速扩张，全面进入衣柜产业。
经国家环境保护部批准，环境保护部环境发展中心授予圣象集团等10家国内行业重点企业“中国环境标志突出贡献奖”。

2010年　圣象地板率先采用F****国际先进标准，并获得国家标准化管理委员会和质量技术监督局颁发的《采用国际标准产品标志证书》。
圣象受邀参加博鳌·21世纪房地产论坛，并荣获“中国地产金砖奖——年度最佳供应商大奖”。
圣象率先提出了室内门标准化的理念，树立起中国室内成品——门产业又一标杆。
圣象成功打造了行业规模最大、最完整、最先进的绿色产业链，并第一次在行业内首提绿色产业链战略。

2011 年　“十年树木·百年树人”圣象绿校园公益行动走进四川绵阳，在安县秀水村红光圣象栋梁小学成立。“十年树木·百年树人”圣象绿校园公益行动正式启动。

圣象地板累计产销量突破 2 亿平方米，累计用户规模突破 500 万。

2012 年　圣象地板连续 17 年全国销量第一。

中国首家标准木门示范基地落户圣象集团，圣象集团在行业率先获得国家《采用国际标准产品标志证书》，奠定中国木门标准化道路。

圣象集团应邀参加国家级的 2012 中国工业经济行业企业社会责任报告发布会

圣象地板 3 亿平米下线，满意用户达到 600 万。

2013 年　圣象集团应邀参加国家级的 2012 中国工业经济行业企业社会责任报告发布会。

圣象发起 1115 全民地板日取得辉煌成绩。

2014 年　圣象地板第 4 亿平米下线，用户规模达到 800 万。

连续 18 年全国市场同类产品销量第一。

圣象首次参加广州建博会，并在建博会上发布大家居战略，完成了产品线从地板到标准门、衣柜、整体厨房的华丽跨越。

参考文献

[1] 彭鸿斌．中国木地板实用指南[M]．北京：中国建材工业出版社，1999.

[2] 广西三威林产公司技术中心．中国强化地板实用指南[M]．北京：中国建材工业出版社，2001.

[3] 杨美鑫，高志华．木工安全技术[M]．北京：电子工业出版社，1987.

[4] 樊庆堂．地面辐射供暖实用技术手册．2008.

[5] 高杨，肖芳．木地板鉴别、检验及消费者维权指南[M]．北京：中国标准出版社，2007.

[6] 上海市装饰装修行业协会，上海木材行业协会．装饰地板实用图册[M]．上海：同济大学出版社，2007.

[7] 荣慧．中国木地板300问[M]．北京：中国建材工业出版社，2009.

[8] 浙江绍兴富得利木业有限公司．中国实木地板实用指南[M]．北京：中国建材工业出版社，2003.

[9] 王传耀．木质材料表面装饰[M]．北京：中国林业出版社，2006.

[10] 王恺．木材工业实用大全：涂料卷[M]．北京：中国林业出版社，1998.

[11] 张广仁．木器油漆工艺[M]．北京：中国林业出版社，1983.

[12] 王维新．甲醛释放与检测[M]．北京：化学工业出版社，2003.

[13] 杨家驹，卢鸿俊．红木家具及实木地板[M]．北京：中国建材工业出版社，2004.

[14] 段新芳．木材变色防治技术[M]．北京：中国建材工业出版社，2005.

[15] 徐钊．木制品涂刷工艺[M]．北京：化学工业出版社，2006.

[16] 高志华，杨美鑫．家庭室内装饰技巧[M]．北京：中国林业出版社，1993.